新型电力系统与能源大数据

朱东歌　马　瑞　著

H.P.H 哈尔滨出版社
HARBIN PUBLISHING HOUSE

图书在版编目（CIP）数据

新型电力系统与能源大数据 / 朱东歌，马瑞著. —
哈尔滨 : 哈尔滨出版社，2023.6
ISBN 978-7-5484-7355-8

Ⅰ. ①新… Ⅱ. ①朱… ②马… Ⅲ. ①电力系统—数据—研究②能源—数据—研究 Ⅳ. ①TM7 ②TK01

中国国家版本馆 CIP 数据核字（2023）第 116912 号

书　　名：新型电力系统与能源大数据
XINXING DIANLI XITONG YU NENGYUAN DASHUJU

作　　者：朱东歌　马　瑞　著
责任编辑：韩伟锋
封面设计：张　华

出版发行：哈尔滨出版社（Harbin Publishing House）
社　　址：哈尔滨市香坊区泰山路 82-9 号　**邮编：**150090
经　　销：全国新华书店
印　　刷：廊坊市广阳区九洲印刷厂
网　　址：www.hrbcbs.com
E - mail：hrbcbs@yeah.net
编辑版权热线：（0451）87900271　87900272

开　　本：787mm×1092mm　1/16　**印张：**11.5　**字数：**250 千字
版　　次：2023 年 6 月第 1 版
印　　次：2023 年 6 月第 1 次印刷
书　　号：ISBN 978-7-5484-7355-8
定　　价：76.00 元

前言

现代产业与信息技术的发展使数据资源成为越来越重要的生产要素。爆炸式增长的数据量对多源、异构、高维、分布、非确定性的数据及流数据的采集、存储、处理及知识提取提出了挑战。电力是社会发展的重要基础，电力系统是最复杂的物理系统之一，具有地理位置分布广泛、发电用电实时平衡、传输能量数量庞大、电能传输光速可达、通信调度高度可靠、实时运行从不停止、重大故障瞬间扩大等特点。这些特点决定了电力系统运行时产生的数据数量庞大、增长快速、类型丰富。电力数据符合大数据的所有特征。随着全球能源形势的日益严峻，各国大力开展了智能电网的研究和实践。其目标是建设一个覆盖整个电力生产过程的系统，包括发电、输电、变电、配电、用电及调度等环节的实时系统，以支撑电网的安全、自愈、绿色、坚实及可靠运行。而其基础则是电网广域全景实时数据的采集、传输、存储、分析及决策支持。能源大数据对能源企业自身同样具有重要价值，通过将能源生产、消费数据与内部智能设备、客户信息、电力运行等数据结合，可充分挖掘客户行为特征，同时提高能源需求预测的准确性，发现电力消费规律，提升企业运营效率及效益。对于电网企业，该模式能够提高企业经营决策中所需数据的广度与深度，增强对企业经营发展趋势的洞察力和前瞻性，有效支撑决策管理。

本书从电力系统和电力大数据的基础理论入手，论述了电能的利用以及新型发电类型，接着在基于大数据的背景下对电力系统的自动化调度系统进行了分析，然后在此基础上对大数据在智慧电网构建、电力能源预测、火电机组运行优化等方面的应用做了具体分析。本书可供各级部门能源管理的决策人员、企事业单位领导和动力部门，以及各节能服务机构、行业协会、高等院校相关专业师生学习，也可供关注大数据、人工智能和能源形势的广大读者阅读。

在撰写本书的过程中，笔者参考和借鉴了一些知名学者和专家的观点及论著，在此向他们表示由衷的感谢。由于笔者水平有限，书中难免会出现不足之处，希望各位读者和专家能够提出宝贵意见，以待进一步修改，使之更加完善。

目录

第一章　电力系统及电力大数据 …… 1

第一节　电力大数据 …… 1

第二节　能源大数据 …… 11

第三节　新型电力系统构建的思考与建议 …… 21

第二章　电能利用与新型发电类型 …… 28

第一节　电能利用 …… 28

第二节　现有的发电类型 …… 30

第三节　新型发电方式 …… 32

第四节　发电、供电和用电的基本设备 …… 38

第三章　电力系统调度自动化 …… 42

第一节　调度的主要任务及结构体系 …… 42

第二节　调度自动化系统的功能组成 …… 46

第三节　调度自动化信息的传输 …… 48

第四节　电力系统状态估计 …… 54

第五节　电力系统安全分析与安全控制 …… 58

第六节　调度自动化系统的性能指标 …… 63

第四章　新能源汽车大数据分析与应用 …… 66

第一节　新能源汽车与车辆大数据 …… 66

第二节　新能源汽车车联网技术应用 …… 74

第三节　大数据分析在未来交通出行中的应用及发展 …… 84

第五章　能源大数据的应用与开发实践 …… 95

第一节　大数据在太阳能、风能等新能源领域的应用 …… 95

第二节　大数据在电力输送和分配环节的应用 …… 98

第三节　电力大数据系统的开发及应用 …… 104

第六章　气象大数据在电力能源领域的应用 …… 113

第一节　气象大数据在传统电力负荷领域的应用……113
第二节　气象大数据在光伏新能源领域的应用……116
第三节　气象大数据在风电新能源领域中的应用……119
第七章　基于大数据挖掘技术的火电机组运行优化策略……127
第一节　电厂大数据检测与预处理……127
第二节　基于大数据技术的运行优化策略改进……141
第三节　大数据平台上的火电机组运行优化……148
第四节　基于大数据的综合能效评估体系……156
第八章　能源大数据应用实施推广与保障……165
第一节　面向能源大数据的政策与资源支持……165
第二节　多方参与的能源大数据应用模式……169
第三节　能源大数据应用推广实施路径……171
参考文献……174

第一章　电力系统及电力大数据

第一节　电力大数据

电网企业联系千家万户、各行各业，是大数据的天然汇聚地，目前电力数据已贯穿于发、输、变、配、用电等电力生产及管理各环节。从长远来看，电力数据与经济发展具有紧密且广泛的联系，对我国经济社会发展乃至人类社会进步都将产生强大的推动力。伴随着打造新一代电力系统的需要，电网企业也开始进入大数据时代的“快车道”，一方面可以助力电网企业改革创新，激发企业发展潜力，降低企业决策风险；另一方面将助力打造新一代电力系统，建设具有卓越竞争力的世界一流能源互联网企业，抢占时代风口和战略制高点。

一、电力大数据的发展背景

（一）大数据技术发展

“大数据”一词最早出现在19世纪80年代著名未来学家托夫勒（Alvin Toffler）所著的《第三次浪潮》中，书中提出“如果说IBM的主机拉开了信息化革命的大幕，那么‘大数据’才是第三次浪潮的华彩乐章”[1]。

随着智能移动设备、物联网等技术的广泛应用，数据的碎片化、分布式、流媒体特征更加明显，大数据技术开始与移动和云技术结合，复杂事件的处理、图形数据库和内存计算开始发展。技术的进一步成熟伴随着商业应用的普及，近年来大数据不断地向社会各行各业渗透，通过促进新的商业模式使得大数据的技术领域和传统行业的边界变得模糊。大数据技术可以为每一个领域带来变革性影响，并且正在成为各行各业颠覆性创新的原动力和助推器。

（二）国家大数据战略

1. 我国大数据政策

我国大数据产业发展迅速，现已成为推动经济发展的重要引擎。大数据产业的高速

[1]　托夫勒．第三次浪潮［J］．青年文摘·红版，1984，（6）．

增长离不开国家政策的支持。大数据已经被写入政府工作报告，大数据已成为各级政府关注的热点，政府数据开放共享、数据流通与交易、利用大数据保障和改善民生等观念逐渐深入人心。国务院印发了《促进大数据发展的行动纲要》（简称《行动纲要》）成为我国发展大数据产业的战略性指导文件。《行动纲要》充分体现了国家层面对大数据发展的顶层设计和统筹布局，为我国大数据应用、产业和技术的发展提供了行动指南。

大数据在政策层面备受关注。在党的十九大报告"贯彻新发展理念，建设现代化经济体系"一章中，专门提到"推动互联网、大数据、人工智能和实体经济深度融合"，同时高屋建瓴地指出了我国大数据发展的重点方向。

2. 国家大数据战略的内涵

我国实施国家大数据战略有五个方面的要求：第一，推动大数据技术产业创新发展；第二，构建以数据为关键要素的数字经济；第三，运用大数据提升国家治理现代化水平；第四，运用大数据促进保障和改善民生；第五，切实保障国家数据安全与完善数据产权保护制度。上述五大要求构成了国家大数据战略的内涵。

（1）推动大数据技术产业创新发展

瞄准世界科技前沿，集中优势资源突破大数据核心技术，加快构建自主可控的大数据产业链、价值链和生态系统。近年来，我国在大数据技术产业方面取得了不少进步。百度、阿里巴巴和腾讯先后拿下国际上知名的"Sort Benchmark"大赛冠军。这个竞赛全面比拼分布式系统软件架构能力，包括海量数据分布式存储、计算任务切片调度等方面的能力。而这一赛事之前的冠军均被微软、Yahoo、亚马逊等包揽。这从一个侧面反映了我国产业界在大数据处理技术水平方面的快速提升，但是在互联网与大数据技术的创新与发展方面，我国同世界先进水平相比还有很大距离。

（2）构建以数据为关键要素的数字经济

坚持以供给侧结构性改革为主线，加快发展数字经济，推动实体经济和数字经济融合发展，推动互联网、大数据、人工智能同实体经济深度融合，继续做好信息化和工业化深度融合，推动制造业加速向数字化、网络化、智能化发展。数字经济已经成为带动中国经济增长的核心动力。工业互联网、分享经济、网络零售、移动支付等领域的快速发展，既为大数据的发展提供了重要应用场景，也对大数据产业的技术水平提升起到了促进作用。

（3）运用大数据提升国家治理现代化水平

建立健全大数据辅助科学决策和社会治理的机制，推进政府管理和社会治理模式创新，实现政府决策科学化、社会治理精准化、公共服务高效化。要实现这一目标，不但要重点推进政府数据本身的开放共享，还应当将各级政府的平台与社会多方数据平台进行互联与共享，并通过大数据管理工具和方法，全面提升国家治理的现代化水平。

（4）用大数据促进保障和改善民生

坚持问题导向，抓住民生领域突出矛盾和问题，强化民生服务，补全民生短板。民生大数据应用一向是大数据的重点行业应用，医疗、教育、社保、交通等行业的大数据应用也不断取得突破。大数据将在流行病预测、个性化医疗、智能交通、治安管理等更广泛的社会场景中将为增进民生福祉创造更大的技术红利。

（5）切实保障国家数据安全与完善数据产权保护制度

加强关键信息基础设施的安全保护，强化国家关键数据资源保护能力，增强数据安全预警和溯源能力。要加强政策、监管、法律的统筹协调，加快法规制度建设。目前，关键数据基础设施的公共权力属性和数据的生成、权属、开放、流通、交易、保护、治理以及法律责任等问题，都必须得到法律的确认。

二、电力大数据应用需求与挑战

（一）国内电力大数据应用现状

1. 国家电网有限公司大数据现状

国家电网有限公司的大数据相关研究伴随着公司的信息化建设发展。其在十一五期间大力推进信息化建设工作，“SG186”信息化工作顺利实施；十二五期间 SG-ERP 建设全面推进，实现了业务应用的深度集成，推进业务流、信息流、数据流三流合一，并在信息化覆盖面、业务集成度、决策智能化、安全性、互动性和可视化等方面取得了显著成果，实现了从线下到线上、从分散到集中、从孤岛到共享的转变，积累了海量的生产运行和经营管理数据，为数据集中共享、分析利用提供了有利条件；在十三五期间的重点任务中，按电网安全与控制技术、输变电技术、配用电技术、新能源技术、基础及共性技术、决策支持技术、重点跨领域技术进行分类，从多个角度提出了电力大数据应用的具体规划。在十四五期间国家电网有限公司已经实施了大数据平台，基于平台构建了电力生产、企业经营管理、优质客户服务、电力增值服务等多个领域的电力大数据应用。

国家电网有限公司建成总部、省（自治区、直辖市）、地市三级运营监测（控）中心，依托信息支撑系统对运营数据进行分析和挖掘，实现了对公司运营状况和运营规律的了解和分析。国家电网有限公司下发的《国家电网有限公司关于印发公司全业务统一数据中心建设方案的通知》，启动了国家电网有限公司全业务统一数据中心的建设工作。国网浙江电力作为试点单位，承接了全业务统一数据中心数据分析领域等相关试点建设任务，在已有信息化基础架构优化综合试点建设成果的基础上，全面推进全业务统一数据中心建设。结合公司生产经营，全业务统一数据中心应用场景建设取得了显著成效。在电力服务经济方面的成果尤其突出，目前已初步总结出了电力景气指数分析、经济周期与行业特征分析、城市负荷热点及潮汐流动等三方面的指标，为服务政府和社会及公司的经营决策提供支撑。

2. 南方电网公司大数据现状

近年来，南方电网公司在分布式云平台的搭建以及电力行业大数据应用示范方面开展了大量的科技研发工作。南方电网公司已具备大数据基因，数据呈现出体量大、类型多、实时性高等特点。

电力大数据的价值在于挖掘数据之间的关系和规律，满足企业生产、经营管理和电力服务在提高质量、效益、效率方面的需要，促进电力资源的配置优化和高效服务。

（1）大规模新能源接入

大规模清洁能源接入电力系统运行的全面数据，包括风光水等资源数据、天气预报数据、新能源电站运行数据、电网运行数据、新能源电站检测数据、故障数据、雷电定位数据等。基于大规模新能源接入，需要对新能源接入管理、新能源接入仿真、功率预测、新能源发电试验检测与特性评价、新能源发电调度运行与控制等业务进行新建和提升。因此，需要利用电力大数据，开展多元、多时间维度的数据挖掘技术研究，对海量数据进行深度挖掘，获取清洁能源电站性能特征参数，支撑清洁能源发电及电网的规划设计、清洁能源消纳能力评估、运行控制、优化调度、性能评价、故障诊断、行业对标分析、灾害预警等能源与电力行业服务，进而通过运行分析决策与运行数据的评估分析，支撑大规模新能源的全面接入与全面消纳，保障电力系统安全稳定运行。

（2）智能输变电

在智能输变电领域，最终需要实现资源的柔性配置、电能的柔性传输和市场的柔性交易。通过特高压输电网络，实现大水电、大煤电、大核电、大规模可再生能源的跨区域、超距离、大容量、低损耗、高效率的传输，使电网具备强大的资源配置能力。通过多端柔性输电技术的大规模应用，解决孤岛供电、城市配电网的增容改造、交流系统互联、大规模风电场并网等难题，实现电能的柔性传输。上述各类技术的研究、探索与应用实践均需要依托电力大数据技术开展相关研究与应用探索。

（3）智能调度

智能调度需要实现数据传输网络化、运行监视全景化、安全评估动态化、调度决策精细化、运行控制自动化和网源协调最优化。因此，需要利用大数据平台，整合营销、调度、生产、配网自动化、低压终端以及天气、电厂环境等数据，通过智能化分析手段，实现智能电网调度、新能源发电调度与运行控制、大用户直流电输电成本分析、智能电网负荷分析等业务的新建和提升，对特高压和柔性输电在动态建模、控制策略、故障分析及保护策略等方面提供信息化支持，实现各类新型发输电技术设备的高效调控和交直流混合电网的精益化控制，满足各级电网调度和集中监控的要求，保障柔性智能电网的正常运行。

（4）智能配电网

配电网是电力系统和分散的用户直接相连的部分。利用先进的现代电子技术、计算机及网络技术、通信技术，智能配电网系统将用户数据、配电网离线数据和在线数据、电网结构和电力图形进行信息融合，实现配电系统正常运行和事故情况下的保护、控制、检测、用电和配电的智能化管理。

智能配电网利用数据采集与监控、故障自动隔离及恢复供电、电压及无人管理等技术，实现设备管理、检修管理、停电管理、规划与设计管理、程序化操作、故障自动定位、故障自动隔离、调度仿真模拟、配电网负荷分析、分布式能源接入管理、电网实时监控、风险预警与控制决策。通过仿真模拟和电力大数据分析等手段，预测用电负荷，制定调控策略，提升配电网多元化负荷承受能力，降低配电网停电事故发生率。

（5）智能电力交易

伴随着新一轮电力体制改革的不断深入，电力市场最终将建立市场化的电力电量平衡、电力交易、辅助服务交易等机制，构建公平、规范、高效的电力交易平台与技术支持系统，服务资源优化配置与节能减排，逐步形成竞争充分、开放有序、健康发展的市场体系。同时，发电企业、电网企业、售电企业、电力用户和独立的辅助服务提供商等市场交易主体，将通过自主协商、集中竞价等市场化方式，开展多年、年、季、月、周、日前、日内等电力交易（含电能和辅助服务），交易频率日趋频繁，交易品种进一步丰富，包括电力直接交易、跨省跨区交易、合同电量转让交易、辅助服务交易（备用、调频、容量、可中断负荷、调压等辅助服务）、衍生品市场交易（电力远期、电力期货、电力期权、电力价差交易和电力场外衍生品）等。相关交易策略的制定、交易合同的签订、交易信息的获取、交易电价的确定均需借助电力大数据的全方位支撑。

（6）智能用电和互动

智能用电和互动需要依托高级量测技术、传感器通信技术、分析和辅助决策技术，结合影响用电的设备消耗、气象、温湿度、时间、设备操作及分布式能源发电等因素实现用电需求响应和电力系统与用户的双向互动。这是智能电网的重要组成部分，也直接影响着能源的使用效率、经济运行和有序用电。实现智能用电和互动需要依托以电力大数据为代表的各类信息通信技术支撑，如在自助用电服务方面，可以依托云计算与大数据技术开展相关数据价值发掘和数据有序开放，基于面向电力用户的管理平台，通过网络和自动服务终端实现电费缴纳、用电量查询、故障报修、业扩报装等服务，通过短信、微博、微信、App 应用、互动服务终端等接收停电、电价、电力套餐、电力新服务等信息发布，向用户提供个性化智能用电服务，优化用户体验和服务质量；在电动汽车和充电设备管理与互动方面，通过利用电动汽车的蓄电池和充电桩（站）的数据互动和分析，利用 V2G

(Vehicle-to-Grid)技术,把电动汽车中的电能返销给电网,参与电网调峰,而在负荷低谷时段充电,达到填谷的目的。

(二)电力大数据应用面临的挑战

随着数据价值挖掘需求的深入,数据应用方式也在持续发生变化,已经逐步从单专业、单数据、简单处理、以事后离线分析为主的传统数据应用向跨专业、多数据类型、算法模型应用、快速在线响应与实时处理、更具有预测性的复杂数据应用转变,数据应用呈现多源、异构、快速、敏捷处理及智能化预警的特点。当前,电网企业大数据应用虽已上升至企业战略层面,但在数据管理、分析、处理、安全等方面仍存在一定问题,这对电力大数据深度应用带来了新的挑战。

1. 数据管理方面

电网企业海量数据资源虽已完成初步聚集,但还未得到充分利用,基础数据的质量、融合程度、开放共享水平还有较大的提升空间。在数据获取的渠道、机制上还有进一步优化的空间。对外部数据的分析研究不足,通过数据分析利用拓展增值、衍生服务方面还有所欠缺。

2. 数据实时处理方面

电网企业部分业务场景需要实现数据实时处理,需要通过快速计算、实时分析报表和结果数据来随时掌握企业运营状况,并迅速做出判断和决策。随着应用场景的不断增多、应用深度的持续拓展,对于数据实时处理的要求将越来越高,如何有效应对各类需求,满足生产经营要求,是电力大数据在实时处理方面的一大挑战。

3. 数据分析模式方面

业务分析多以被动式信息接收为主,传统数据分析也多以结构化数据分析为主,通过提取、转换和加载(ETL)业务系统数据,生成多维度的分析性数据存储在数据仓库中,实现统一展现、查询统计、联机分析处理、数据挖掘与辅助决策等功能。大数据时代背景下,随着数据的不断积累,数据分析维度和对比方式也越来越多,通过对跨部门、跨系统的文本、图形、空间、客户等结构化数据、半结构化数据、非结构化数据的融合与关联分析、挖掘,揭示数据之间隐藏的关系、模式和趋势,传统业务处理与数据分析处理模式已难以适应大数据时代的分析要求,业务与数据分析模式将面临新的挑战。

4. 基础架构方面

传统基础架构是以小型机、关系数据库、应用集成、数据仓库构成了商务智能分析基础架构。大数据时代下,海量数据的出现、数据结构的多变,非结构化数据量大大超过了结构化数据量,分布式处理、列存储、内存数据库、NoSQL 存储、流计算等技术将成为数据存储和处理的主流技术,新兴技术的发展将推动企业 IT 基础架构发生重大变革。

5. 大数据安全方面

基于云计算的分布式平台为大数据提供了一个开放的环境，大量部署的传感器、监视器、智能交互终端、用户、客户等都可以成为数据来源。基于云计算的网络化社会为大数据提供了一个开放的环境，使得蕴含着海量数据和潜在价值的大数据更容易遭到黑客的攻击，企业面临信息泄露的风险。而且现有的安防措施难以满足复杂多样的数据存储，所以大数据面临的安全挑战不容忽视。

三、电网企业大数据应用趋势

（一）提升通信新技术支撑能力

对于电网企业来说，通过广泛应用以大数据为代表的信息通信新技术，全面提升信息平台承载能力和业务应用水平，将信息化融入电网生产与管理的全业务、全流程之中，实现全业务数据资产的集中管理、充分共享，信息服务按需获取，支撑电网创新发展和运营管理的高效协同。

1. 建设电力云平台

通过全面构建电力云平台在生产控制、经营管理和公共服务三个领域形成电力云计算和应用服务体系，为生产控制、经营管理和公共服务等领域的各类大数据业务提供平台基础。首先着力于构建和完善基于私有云技术的、具备电网企业大数据处理能力需求的企业私有云基础环境，汇集全量数据并具备常用电力大数据计算分析能力，完成基础平台的搭建，为企业未来信息化提供一个统一的基础技术支撑平台；其次需要部署大数据技术组件，形成数据采集存储、加工处理和计算分析等全流程大数据服务能力，配备完善的应用集成、身份权限、空间地理等基础服务平台，为业务应用提供统一的公共基础服务；最后是建成统一的企业云服务体系，面向企业全业务全过程提供信息服务支持。

2. 构建智慧能源互联网络

通过构建智慧能源互联网络，努力提高信息网络承载能力，规范智能终端接入标准，实现终端移动互联接入，全面提升智能电网信息感知能力和业务互动化水平。开展内外网互联互通及电力无线专网方面的示范应用，主要包括 IPv6 网络、物联网、无线通信和卫星通信等广泛互联应用的研究及设计、突破以应用多种新能源并网、保护及采集装置柔性协同通信接入技术为代表的技术壁垒。

3. 提升企业级数据管理能力

通过构建企业级大数据平台，融合内部经营管理、电网实时运行、用户用电信息和外部数据，提供统一的数据集中共享服务，提升企业数据资产价值挖掘。建成全业务统一数据中心，汇集包括业务数据、量测数据及外部数据等企业的全部数据，实现数据充分共享，为大数据分析应用提供统一数据支撑。实现统一的数据分析引擎，数据标签化，为各类微应用提供涵盖内存计算、海量计算及流计算的高效便捷数据服务能力；制定企业数据资产统一管理机制，满足企业数据模型动态管控和数据资产全过程管理的数据统一管理信息化支撑能力；明确数据同源和业务融合的数据治理目标，持续开展数据治理，提高企业数据资源质量。

4. 建设新一代信息安全智能防御体系

通过建设新一代信息安全智能防御体系，强化可信互动、通信传输和工业控制三类安全防护，保障智能电网创新发展。首先开展智能电网环境下的安全防护关键技术研究与试点应用，重点是电网信息安全态势感知和智能预警等关键技术的研究和应用。通过对大数据的深度过滤、分析，从海量异构数据中过滤出最有价值的安全信息，有效融合安全事件；研究大数据支撑的电网工控系统安全风险预警关键技术，通过安全事件大数据关联分析技术，实时构建攻击图，通过攻击路径预测实现存在的风险预警；通过挖掘和分析网络安全事件的关联关系，研究安全态势预测技术，通过特征提取、识别和发现信息系统中各种异常现象和攻击类型，及时发现潜在的攻击并智能预警，准确评估信息系统安全状态，感知整个网络的安全态势。其次建设电网信息安全动态防御系统，尝试开展基于“互联网 +”的信息安全防护能力提升的示范应用。主要包括基于大数据的电网信息系统安全态势感知、智能预警和动态防御关键技术研究与试点应用示范、基于多源异构大数据检测和智能分析的电网工控系统安全防护体系建设与应用示范，通过示范工程持续提升信息安全防护能力。

5. 信息运维保障

强化信息通信运维管理，实现信息通信一体化运维，提高运维自动化水平和实时监控预警能力。首先研究基于电力云平台的软硬件资源负荷预测、资源调度自动化、实时监控和预警等关键技术，提升电力云平台的利用效率和平台管理能力；建设研究信息通信系统与设备状态评价模型，基于大数据开展信息通信系统、设备、应用的状态全面量测、在线采集，实现信息通信运行诊断及主动预警；建设信息通信移动运维平台，开展信息通信自动巡检，提高信息通信的运维效率；开展信息通信智能化支撑配套的管理标准、技术标准和工作标准的梳理及编制，形成信息通信智能化管理体系。其次提高运维系统对其所监控、运维的信息通讯设备的适用性，根据历史故障数据及实际故障分析，完善信息通信运维知识库，改进知识库自主学习能力；完善信息通信运行诊断应用、自动巡检应用、自动化作业应用、移动运维平台及终端并广泛应用；适应智能电网发展要求，实现信息通信运维作业与电网运维作业贯通，推广应用信息通信智能化运维。

（二）推动大数据多元创新应用

推动电力大数据多元应用创新，主要在电力生产领域、电力营销领域和优质服务领域这三个领域展开。

1. 电力生产领域

电力生产部门可综合利用相关数据进行辅助电网规划、电网安全性检测评估创新应用。

(1)在电力负荷预测方面，综合利用用户用电量、公司发电量、负荷数据等信息及国家宏观政策等数据，探索建立多元性回归灰色预测等短期预测模型，以及趋势平均预测、二次指数预测等中长期预测模型，实现对未来电力需求量、用电量、负荷曲线、负荷时间和空间分布等预测，为电网规划和运行提供决策支撑。

(2)在输电线路风险识别方面，综合利用线路在线监测系统图像数据、线路台账等信息，尝试建立多媒体数据分类与预测模型、关联分析模型，实现输变电的安全分析及预警，加强安全生产及安全保障，避免误操作事故、安全事故发生，减少因事故而造成的直接经济损失。

(3)在电网设备状态监测方面，应用电网设备信息、运行信息、环境信息(气象、气候等)及历史故障和缺陷信息，探索开展关联因素分析，建立状态预警模型和设备浴盆曲线，对不同种类、不同运行年限的设备在一定关联因素影响下的状态进行预警和故障预测；同时，依据交通、市政等外部信息(如工程施工、季节特点、树木生长、工程 GPS 等)，关联电网设备及线路 GPS 坐标，对电网外力破坏故障进行预警分析。

(4)在电网运行态势评估与自适应控制方面，综合利用大电网响应信息的时空关联特性及运动惯性特征，尝试建立动态追踪运行轨迹的自适应广域协调防控建模及鲁棒优化算法模型，探索开展电网自动控制在运行状态研究，实现电网“在线评估、实施防控”安全防控。

(5)在继电保护设备评价和管理方面，综合利用智能变电站机电设备保护的检测、中间接电、动作、预警等信息，探索开展可靠性评估、对继电保护的动作状态及动作行为远程监控，自动分析评价继电保护动作逻辑及动作结果，实现对保护设备状态的判别，提升智能变电站继电保护设备的运行状态和水平与寿命预警效率。

2. 电力营销领域

电力营销部门可利用电力数据分析电价、检测用户用电行为、评估用户信用级别。

(1)在政策性电价和清洁能源补贴执行效果评估方面，基于用电信息、电费信息、用户负荷等数据，探索开展阶梯电价执行效果评估、峰谷电价执行效果评估、采暖电价执行效果评估、清洁能源补贴执行效果评估、政策性电价相互影响关系评估等，为相关政策的制定提供支撑。

(2)在电网线损与窃电预警方面，综合利用营销应用、工程生产管理系统(PMS)、数据采集与监控系统(SCADA)、电能量采集、用电信息采集、电网地理信息采集系统

(GIS)等数据,尝试建立电网能量节点基础数据管理模型和全网联络图智能拓扑分析模型,实施发展、运检、营销、安监和调度等专业线损管理的业务联动和实时掌控,并提升反窃电预警的效率。

(3)在量价费损分析方面,综合利用历史数据、跨平台在线计算和异动检测等海量数据,实施检测与分析,即开展数据关联分析,及时发现相关异动,分析异常产生的原因,探索建立闭环协同处理问题机制,及时、准确地解决异常问题,提升线损管理、计量采集系统建设和配网管理及营销管理。同时提供在线监测方法,完善企业经营体系,提高用户服务质量,提升企业的核心竞争力。

(4)在用电行为分析方面,基于用户的用电数据,结合用户信息、地理信息、区域属性等数据,并考虑气象、经济、电价政策等多方面因素,尝试利用分类和聚类方法,对用户类型进行细分。探索建立不同区域、不同行业、不同类别用户的典型负荷模型库,分析各类影响因素与用户用电行为之间的关联关系及其影响机理,为城市和电网规划、需求侧管理、电价政策和能效评估等提供支撑。

(5)在电动汽车充电设备负荷特征分析方面,基于电动汽车用户信息、居民信息、配电网数据、用电信息数据、地理信息系统数据、社会经济数据等,尝试利用大数据技术,预测电动汽车的短中长期的保有量、发展规模和趋势、电量需求和最大负荷等情况。参照交通密度、用户方式、充电方式偏好等因素,依据城市与交通规划和输电网规划,探索建立电动汽车充电设施规划模型和后评估模型,为电动汽车充电设施的部署方案制定,以及建设后期的效能评估提供依据。

3. 优质服务领域

优质服务主要面向一般用户,为用户提供相关的服务。

(1)在营业厅用户服务行为分析方面,基于营销业务数据和营业厅视频监控数据,利用流处理分布式存储和计算、数据关联分析等技术,尝试开展营业厅业务量、客流量和用户服务行为关联分析,建立分析模型和动态监测模型,支撑营业厅资源合理调配和客服人员离岗稽查,实现对营业厅异动和问题动态监测及自动预警,提升用户服务质量。

(2)在“95598”用户报修服务提升方面,基于用户故障报修请求提供的电话、用户编号、地址、地理位置等信息,探索开展集体用户定位并在电网 GIS 地图定位展示;依托计划停电、临时停电、故障停电、欠费停电、违约用电等停电范围、所影响用户等信息,判断用户报修是否属于已知的停电范围;在应用方面,可根据故障报修定位信息及抢修班组责任范围,尝试由客服中心直接派发抢修工单至用户所在区域供电所(抢修班组)等管理方式,提高报修工单流转速度。

(3)在缴费渠道优化与服务引导方面,综合利用电力及社会化缴费网点、用户地理位置信息及用电用户缴费等信息,按区域、时段、用户类型等多个维度进行可视化展示,尝试分析缴费网点地域覆盖程度、缴费网点业务饱和程度、用户缴费习惯、用户平均缴费成本等，评估现有缴费渠道布设的合理性，辅助缴费网点布设规划，制定和实施用户缴费行为引导策略；同时，可以应用基于地理位置的缴费渠道网点信息，支持“95598”电话咨询业务，向用户推荐最优的缴费方式或网点信息，服务用户便利缴费。

（4）在用电信息征信体系服务方面，基于用户基本信息、长期的用电记录、缴费情况、缴费能力等数据，尝试对各类数据进行统计分析，建立用户信用评级指标和标准，进行用户信用评价，并分析用户信用变化趋势和潜在风险。同时，利用类似的方法，基于电力用户基本信息、用电情况、利润贡献、设备装备水平等数据，探索建立用户价值评价等级指标和评分标准，综合考虑企业信用等级和经营情况，实现对用户价值等级的评估。

（5）在业扩报装辅助分析方面，探索综合利用用电信息采集系统各维度的负荷和电量统计数据，结合营销业务系统销户、报停和减少容量业务流程，以及 PMS 的电网模型和 SCADA 的厂站、线路负荷信息，评估新增供电所在的线路、厂站的负荷和电量变化趋势、负荷特征，以及供电质量是否满足用户用电的需求，为定制用户业扩供电方案提供辅助解决方案，为加快业扩报装的速度和提高供电服务水平提供技术支撑，提高用电营销管理的精准化水平。

（6）在政府辅助决策支持方面，可基于地区、行业、企业、居民用电等信息，开展与商家、补贴、能耗指标等关联分析，协助政府和社会了解和预测区域和行业发展状况、用能状况、各种政策措施的执行效果，为政府就产业调整、经济调控等做出合理决策提供依据。此外，利用用户用电数据、电动汽车充电站放电数据，以及包含新能源和分布式能源在内的发电数据，也可为政府优化城市规划、发展智慧城市、合理部署电动汽车充电设施提供重要依据。

第二节　能源大数据

一、大数据发展与能源信息化管理建设

大数据并非一个确切的概念。最初，这个概念是指需要处理的信息量过大，已经超出了一般计算机在处理数据时所能使用的内存量，因此工程师必须改进处理数据的工具。这导致了新的处理技术的诞生，如谷歌的 MapReduce 和开源 Hadoop 平台（最初源于雅虎），这些技术使得人们可以处理的数据量大大增加。更重要的是，这些数据不再需要用传统的数据库表格来整齐地排列。

大数据指的是不以传统流程或工具所处理、分析的数据。

为什么以往的数据处理方式无法处理大数据?这是因为在这些数据中,除了少部分是结构化数据外,其他绝大多数都属于半结构化与非结构化数据。

结构化数据是指具有明确关联性定义的固定结构数据,也就是经过编码后存放在数据库应用系统内的数据。在以往的数据库应用中,“数据”必须完全以明确的预定格式被存放,通常是以表格的形式呈现。也就是说,数据库中的每一笔数据都要以事先设定好的格式按指定的顺序出现。

半结构化数据既不同于表格型数据,又不同于纯文本型数据,如 XML 或 HTML 格式的网页数据、电子邮件和电子文档等。虽然半结构化数据具有程序编码既定的逻辑和格式,但不容易被数据库分类存储和分析处理,尤其是其包含许多不必要的格式不同的数据内容。

非结构化数据是指没有固定格式、难以用统一的概念或逻辑处理分析的数据,这类数据主要包括文件、图像、音频、影像等。单以文件为例,就有纯文本文档、Word 文档、PDF 文档等不同格式。

目前,大数据分析技术应用最成功的莫过于商业领域。一些大型的电商开始利用大数据分析打造实时、个性化的服务,比如通过消费者的网络点击流来追踪个体消费者的行为,更新其偏好,并实时模拟后续消费者的购买倾向。这种实时性的精准营销,不仅可预测客户再次光顾的时间,同时可以针对个人需求,促使客户购买高利润率的商品。

随着大数据技术在各领域的兴起,一些学者开始探索如何在能源管理领域应用大数据技术。工业作为经济与社会发展的基础,正在受到大数据的深刻影响,尤其是在我国大力提倡节能减排的今天,工业企业如何通过有效手段降低企业的能源消耗、提高能源利用效率,是政府与企业需要共同关注的焦点。大数据技术为企业进行能源优化配置、能源效率水平提升、优质服务和辅助社会管理提供了坚实的数据基础。可以说,大数据技术在工业企业的应用,以及对节能减排、资源节约型和环境友好型社会建设意义重大。

众所周知,大数据技术是一种数据处理手段,因此要发挥大数据的作用,必须依托相应完备的信息管理系统。尤其是将大数据技术应用到能源管理领域,需要相关方建立相适应的能源管理系统(中心)(EMS),以此来满足大数据技术实施前所必需的软硬件条件。国际上对能源管理系统还未形成统一的定义。维基百科指出能源管理系统属于计算机辅助系统范畴,用来监测、控制以及优化能源的转换、使用与回收,提高能源利用效率。其中监测与控制类似于常见的监视控制与数据采集系统(SCADA),优化功能常通过先进技术(先进控制、人工智能)实现。有时将 EMS 与 SCADA 分开表述,此时 EMS 不包括监视与控制功能,更多的指发电或生产蒸汽控制,能源计划与调度。

能源管理系统是采用自动化、信息化技术和集中管理模式,对企业能源系统的生产、输配和消耗环节实施集中扁平化的动态监控和数字化管理,改进和优化能源平衡,实现系统性节能降耗的管控一体化系统。

虽然各能源管理系统的定义有所差异，但实质上可将能源管理系统分为两部分：一是基于 SCADA 系统的数据采集与监视控制部分；二是基于统计学、人工智能、优化算法等实现的分析与优化解决方案包。能源管理系统首先通过完善的数据采集网络获取过程的重要参数和相关能源数据，经过数据处理、转换、分析实现对过程能源的综合在线监控；然后与生产工艺相结合，通过能源系统平衡计算与能源负荷预测，提供实时动态能源平衡信息和能源使用计划；最后利用数据分析、人工智能、数学规划等技术实现能源的决策支持与优化调度。总之，能源管理系统是一个管控一体化系统，使用信息化与自动化技术，能实现能源的集中监控与统一管理，最终促进能源管理水平和能源利用效率的持续提升。

能源管理系统在国外发展得较早，特别是发达国家。20 世纪 60 年代中期，发达国家就开始研究能源管理系统，日本是最早开发能源管理系统的国家，其八幡制铁所开发了第一个能源管理系统，其他的还有歌山、鹿岛钢铁厂以及德国的布得鲁斯和蒂森钢铁厂能源管理系统等。早期的能源管理系统规模不大、功能不多，主要用来进行能源数据的采集和监控以及用能设备的控制。70 年代，分布式控制系统（DCS）和能源系统工程理论开始在能源管理系统中得到应用，能源管理系统功能逐渐增强，增加了能源的投入产出、生产优化等功能。之后在计算机、自动控制、数据库等技术飞速发展的推动下，能源管理系统技术日趋完善，分析决策系统、智能预测等广泛应用于能源管理系统中，能源管理系统技术也成了企业能源管理现代化的基本配置。近年来，随着技术的成熟，出现了一些专门提供能源管理方案的专业公司，如 Abraxas Energy-Consulting 公司专门提供无线 EMS 解决方案。

国内的能源管理系统研究始于 20 世纪 80 年代，起初主要应用于钢铁企业，如宝钢、南钢、首钢、济钢等都建设有能源管理系统。我国最早的能源管理系统出现在宝钢公司，这也是一套比较成功的系统，它在一开始就采用能源集中管理的思想，辅以大规模计算机控制技术，建立了一个以模拟仪表为主的能源管理系统。济钢的能源管理系统主要包含五大部分：接口管理、计划过程管理、分析预测管理、生产调度运行管理和系统设置。此系统可以自动统计数据和生成各种报表等，满足济钢的能源管理需求。这些能源管理系统的建设，使企业取得了良好的节能效果。钢铁企业的成功应用案例有效地促进了能源管理系统在国内的发展，并开始应用于其他部分高能耗企业，如重庆卷烟厂、中国联通（集团）有限公司北京市分公司等也开始逐步建设自己的能源管理系统。经过多年的发展，企业能源管理系统在国内已粗具规模，但是仍存在一个很大的问题：应用行业不够广，能源管理系统仍旧主要应用在钢铁企业，其他的高能耗企业（如轮胎企业、电子企业等）应用不多，需要开发出具有一定通用性的能源管理系统。

由上述国内外能源管理系统发展现状来看，虽然能源管理系统已经在这些国家（地区）及大型工业企业中得到广泛推广和应用，但是仍有一定的局限性：一是功能比较单一，现有的能源管理系统大多仅具有实时的能源消耗计量和汇总输出功能，并不具备前瞻性的数据处理分析和面向需求的能效诊断等智能化管理功能，没有让监测到的数据发挥出实际应用价值。二是数据来源单一，目前大多数企业的能源管理系统的数据采集对象为系统边界内各个用能单位能源消耗统计，并没有对企业内部现有的一些管理信息系统（如 ERP、MRP 系统等）进行数据信息的整合利用，这对企业整体的生产和运营管理带来了一定的不便；由于 MRP 在能源管理系统较为独立，不具备一定的通用性，所以这在一定程度上阻碍了能源管理系统的进一步发展。

现在，一些组织和机构开始考虑通过引入大数据技术来拓展现有能源管理系统的功能，通过扩大数据来源并升级现有能源管理系统的功能，使其采集和监测实现能源数据的价值最大化。

二、能源大数据的信息资源

（一）能源大数据信息简介

20 世纪 80 年代末，我国建立了工业、交通运输业能源统计报表制度。工业企业、交通运输企业定期向行业主管部门、地方统计部门等能源管理机构报送能源统计报表，由国家统计局汇总并定期公布。除了国家统计局进行的能源消费统计外，钢铁、建材、化工、有色、电力、轻工、纺织、机械等主要耗能行业都建立了本行业的能源统计系统，建立了能源平衡表填报制度，规定了统计计算范围和口径，并组织对能源统计人员进行培训。80 年代至 90 年代初，这一能源统计系统的建立及其有效运作，对于全国各级政府、工业部门及时了解企业能源消耗情况和企业能源经济效益、剖析企业能耗升降原因和节能潜力、进行宏观节能决策和企业自身节能决策、促进企业不断降低能源消耗等方面，发挥了重要作用。

在国家层级，国家统计局正式建立了专门的能源统计机构，逐步建立了国家能源统计制度，如建立了能源的投入与产出调查制度，地区能源平衡表的编制与报送制度，主要工业产品单位综合能耗调查制度，重点耗能工业企业能源购进、消费、库存的直接报送制度，能源统计制度日臻完善。在工业部门层级，各工业部门相应组织制定了能源管理、技术、产品标准和节能设计规范，建立了能源统计指标体系，编制了企业能源平衡表，通过部门统计汇总，定期上报国家有关节能主管部门。建立健全了各级节能机构，形成了两个“三级节能管理网”，即国家、部门、省厅（局）三级节能管理网和企业三级节能管理网；多数企业特别是年耗能 1 万吨标准煤以上的企业形成了企业、车间和班组三级节能管理网。

为了做好综合能耗考核和产品单耗考核，一方面，国家制定了多项能源管理、技术和产品标准等，制定了比较符合我国实际的能源统计指标体系和实施方案，建立了重点企业能源消费报表、地区能源平衡表的制度。各工业行业分别制定了《企业能源平衡及能耗指标计算办法的暂行规定》，为落实主要产品的综合能耗考核创造了条件；冶金、轻工等部门还进一步制定了工序定额、工业窑炉分等、分级标准，加强了对企业和用能单位的能耗控制。另一方面，在企业，特别是在近千家重点耗能企业中，普遍开展了能源计量、能量平衡测试、定额管理等基础工作，逐步加强了企业的能源管理。各工业部门普遍建立了企业能量平衡制度和企业能耗等级考核标准制度，使企业的能源消耗管理逐步步入科学管理和量化管理轨道。

企业能源统计是企业能源管理的重要内容，是编制企业能源规划的主要依据，又是政府监督管理企业能源使用、进行企业能源审计和企业能量平衡的基础性工作。20 世纪 50 年代起，我国一直实行单项能耗考核，这种考核办法对反映各行各业某一方面的能源消耗情况起了一定的作用，但不能反映整个生产过程中能源消耗的全面情况。为了加强能源管理和统一能耗的计算方法，在原冶金部、原石油部试点的基础上，原国家计划委员会、原国家经济贸易委员会联合发布通知，对国家计划产品的能源消耗，以及在实行单项消耗定额考核的同时，要逐步实行综合能耗考核。综合能耗考核是把企业消耗的煤、电、油、气等各种能源都按热值换算成标准煤，确定一个综合能耗，并对企业生产过程中每道工序（工艺）所消耗的能源进行分析，找出同类企业不同工艺的可比因素，确定一个比较科学、便于评比的可比能耗及相应的考核办法。综合能耗考核可以全面反映企业和产品的能耗情况，便于同国内外比较，从中分析能源使用中出现的问题，以便采取节能措施。

20 世纪 80 年代中期，国家颁布了《企业能源平衡及能耗指标计算办法的暂行规定》，并组织有关工业、交通运输业等耗能行业起草并出台了《企业能耗指标计算通则》。通过贯彻《企业能源平衡及能耗指标计算办法的暂行规定》和《企业能耗指标计算通则》，统一了主要耗能产品的统计范围和计算口径，使同类企业产品的能耗指标更具可比性。我国主要产品综合能耗指标的统计口径和计算方法基本沿用过去制定的统计口径和计算方法，一些重点耗能企业主要产品综合能耗统计指标的定义及计算方法仍在继续使用。

随着经济社会的高速发展，在国家对能源的需求日益增加的背景下，节能减排事业的形势不容乐观，以人工进行能源管理的传统方式已无法满足国家在节能减排领域的更高要求。在大数据技术等信息化手段不断发展的今天，通过大数据技术助力节能减排将成为未来节能减排发展的新路径。当前，工业企业在能效对标、节能改造技术方面仍有较大发展空间，通过建立能源大数据平台，可以有效地推动节能改造技术、工艺工序、管理水平等节能措施和理念的发展和提高。

要想通过大数据技术实现能源管理的智能化、自动化，首要的问题就是如何实时地采集到系统平台所需的各种能源数据。根据统计学原理，能源在用能单位内部流动的过程及其特点可划分为能源购入储存、加工转换、输送分配和终端使用四个环节进行能源统计。

在能源流动过程中不可避免地伴随着一定量的能量损失，因此精准有效地获取各环节的能源数据是保证能源大数据平台发挥实际功能的先决条件。

按照能源的物理形态，可将能源简单地分为固体能源（如煤、焦炭、煤制品等）、液体能源（如汽油、柴油、煤油等）、气体能源（如天然气、焦炉煤气、炼厂干气等）、特殊能源（如电力、核能等）。针对不同物理形态的能源，可采用不同的计量器具来测量。目前，已有成熟的计量仪器可实现能源数据的实时采集。

中国计量科学研究院等实施的“高压电能计量标准及其量值溯源的研究”项目，其目标就是针对高压电能计量中急需解决的计量标准和量值溯源技术问题，通过高压大电流标准功率源和高压大电流标准表的技术研究，建立高压电能计量标准装置，解决高压电能整体量值溯源问题；建立高压电能溯源体系，为高压电能测量结果的可比可溯源提供技术、物质和管理保障。

结合国内外 AMI 技术的研究进展，需要进一步加深多功能智能电表的研制，促进用户参与需求响应和电力市场；进一步建立统一共享的数据平台，积极开展 AMI 组网方式和通信技术的研究。电能测量结构的量值溯源是实现智能电网 AMI 系统功能的保障，而 AMI 系统的构建要求也推动了智能技术在电能计量领域的应用，进一步促进了计量装置的更新换代。

（二）能源大数据信息特征与价值

能源大数据的数据来源不仅仅是采集企业能源数据，还包含了企业的生产数据、经济数据、用能设备数据等多方面的数据源。这些数据都直接或间接地反映了企业的生产状况、能耗状况、经营状况等。

能源大数据的特征可以概括为“3V”和“3E”。其中“3V”分别是体量（volume）大、类型（variety）多和速度（velocity）快；“3E”分别是数据即能量（energy）、数据即交互（exchange）、数据即共情（empathy）。如仅从体量特征和技术范畴来讲，能源大数据是大数据在各个行业的聚焦和子集。但能源大数据更重要的是其广义的范畴，其超越大数据普适概念中的泛在性，有着其他行业数据所无法比拟的丰富内涵和专用特性。

1. 体量大

体量大是能源大数据的重要特征。随着工业企业信息化快速建设和智能电力系统的全面建成，企业能源数据的增长速度将远远超出企业能源管理系统（中心）的预期处理能力。以发电侧为例，电力生产自动化控制程度的提高，对诸如压力、流量和温度等指标的监测精度、频度和准确度更高，进而对海量数据采集处理提出了更高的要求。就用电侧而言，一次采集频度的提升就会带来数据体量的“指数级”变化。

对于政府或企业主管部门来说，一个地区的全部工业企业，其表计数量就很可观，仅电力能源一项就会带来大量的能源计量数据。

2. 类型多

能源大数据涉及多种类型的数据，包括结构化数据、半结构化数据和非结构化数据。随着工业企业能源管理系统（中心）视频应用不断增多，音视频等非结构化数据在全部能源数据中的占比也进一步加大。此外，能源大数据应用过程中还存在对行业内外能源数据、天气数据等多类型数据的大量关联分析需求，而这些都直接导致了数据类型的增加，极大地增加了能源大数据的复杂度。

3. 速度快

这主要指对能源数据采集、处理、分析速度的要求。鉴于能源管理系统（中心）中某些业务对系统处理时限的要求较高，如电力能源数据的实时处理就是以“1 s”为目标，因此需要能源管理系统（中心）有较快的响应及数据处理分析能力，这也是能源大数据与传统的事后处理型的商业大数据、数据挖掘间的最大区别。

4. 数据即能量

能源大数据具有无磨损、无消耗、无污染、易传输的特性，并可在使用过程中不断精练而增值，可以在保障能源大数据平台用户利益的前提下，在能源管理系统（中心）各个环节的低耗能、可持续发展方面发挥独特而强大的作用。通过节约能量来提供能量，具有与生俱来的绿色性。能源大数据应用的过程，即能源数据能量释放的过程，从某种意义上讲，通过对能源大数据分析达到节能减排的目的，就是对能源基础设施的最大投资。

5. 数据即交互

能源大数据以其与国民经济社会广泛而紧密的联系，具有无与伦比的正外部性。其价值不局限于工业内部，更体现在整个国民经济运行、社会进步以及各行各业创新发展等方方面面，而其发挥更大价值的前提和关键是能源数据与行业外数据的交互融合，以及在此基础上全方位对能源数据的挖掘、分析和展现。

6. 数据即共情

企业的根本目的在于创造客户、创造需求、创造效益。能源大数据平台的应用必然会联系千万家用能企业及政府机构等部门，通过对政府部门和企业用户需求的充分挖掘和满足，建立情感联系，为广大能源数据用户提供更加优质、安全、可靠的能源大数据服务。

能源大数据没有一个严格的标准去限定多大规模的数据集合才是能源大数据。作为重要的基础设施信息，能源大数据的变化态势从某种程度上决定了整个国民经济的发展走向。如将能源数据单独割裂来看，其仅仅是企业进行能源管理的一种手段，则能源数据的大价值无从体现。传统的商业智能（BI）分析只关注单个领域或主题的数据，这造成了各类数据之间强烈的断层。而大数据分析则是一种总体视角的改变，是一种综合关联性分析，且能发现具有潜在联系之间的相关性。注重相关性和关联性，并不仅仅囿于行业内的因果关系，这也是能源大数据应用与传统数据仓库和 BI 技术的关键区别之一。

能源大数据是能源变革中工业信息技术革新的必然过程，而不是简单的技术范畴。能源大数据不仅仅是技术进步，更是下一代智能化能源管理系统（中心）在大数据时代下价值形态的跃升。人类社会经过工业革命两百多年来的迅猛发展，能源和资源的快速消耗以及全球气候变化已经上升为影响全人类发展的首要问题。传统投资驱动、经验驱动的快速粗放型发展模式，已面临越来越大的社会问题，亟待转型。

能源大数据通过对能源管理系统（中心）生产运行方式的优化、对间歇式可再生能源的消纳以及对全社会节能减排观念的引导，能够推动工业企业由高耗能、高排放、低效率的粗放发展方式向低耗能、低排放、高效率的绿色发展方式转变。

以电力行业为例，基于电力能源的大数据分析技术可以有效提升电力生产、传输和终端使用的能效。电力需求侧管理是在政府法规和政策的支持下，通过有效的激励和引导措施，配合适宜的运作方式，促使电力公司、能源服务公司、中介机构、节能产品供应商、电力用户等共同努力，在满足同样用电功能的同时，提高终端用电效率和改善用电方式，减少电量消耗和电力需求，实现能源服务成本最低、社会效益最佳、节约资源、保护环境、各方受益所进行的管理活动。

目前，能源大数据平台的应用还面临多方面的技术挑战：

（1）数据质量的挑战。高质量的数据是能源大数据应用的基础。数据准确性、完整性不高，将影响决策分析的质量，甚至产生错误的决策及建议。

（2）多数据融合的挑战。多数据融合是能源大数据应用的关键。长期以能源信息系统为主的信息化建设，导致企业内部一些生产、运营的数据及社会发展的宏观经济数据等外部数据与企业的能源管理数据相互独立，这对能源大数据平台来说会形成信息孤岛。为破除信息孤岛的数据壁垒，需要融合能源生产、传输、利用、生产、设备运行和社会宏观经济发展状况等有关数据，通过大数据分析技术挖掘出能服务于国家、社会和企业的有价值的能源数据信息。

（3）数据可视化信息传递的挑战。能源大数据的可视化是数据价值传递最有效、最直观的方式，能源大数据中蕴藏着能源生产和服务经济社会发展的规律和特征，一般较抽象，难以发现。大数据可视分析将易于大数据规律的发现，展示海量数据中的特征和规律，便于数据价值的传递与知识的分享。

（4）大数据存储与处理的挑战。能源大数据对数据存储与计算能力需求巨大。能源大数据对多个数据源的结构化和非结构化数据进行分析处理需要存储海量的数据，并提供快速的计算能力。分布式数据存储和计算是解决能源大数据存储和计算的有效途径。

三、能源大数据应用的意义

工业是国家经济发展的基础产业，在互联网飞速发展的背景下，有必要把互联网应用于工业行业，使用能企业的信息化水平进一步提升，通过电子信息技术和互联网的发展创新来进一步提高用能企业能源信息化管理水平和市场竞争力。按照国家能源局的定义：能源互联网是一种互联网与能源生产、传输、存储、消费以及能源市场深度融合的能源产业发展新形态，是信息网络、能量网络和能源网络的高度整合。

能源互联网中包括众多的智能终端，用于采集各个终端用户（主要生产设备、辅助设备、照明、办公等）的海量用能数据，并进行数据分析，测算出不同终端用户在不同情况下的用能情况，总结出终端用户的具体用能行为习惯。同时，通过分析，对收集来的能源进行统一调度，确保能源的高效利用。能源互联网要具备融合能量和信息流的能力，努力实现能源数据的实时采集和控制策略的实时部署。

能源互联网主要提供方便的能源接入、能源控制、能源输送等任务，借鉴于互联网中交换设备的设计理念，设计能够实现能源互联网互联、调度和控制的“能源路由器”，这是构建能源互联网的一种直观可行的方案，“能源路由器”应具有能源数据信息控制与保障以及定制化需求管理的功能。能源大数据应用的最终目的是通过采集以企业能源流数据为主的各种与能源相关的数据，建立面向企业能源流和跨行业能源流的能源大数据分析研究与应用平台，该平台具备“能源路由器”功能。通过深入分析、挖掘能源生态系统内各种可能存在价值的数据，提供面向企业个体、面向产品整个产业链以及面向工业产业各层次在能源、环境、经济和可持续发展等方面的决策支持、优化评价和预测咨询服务，并积极探索形成创新的能源服务模式，实现对企业自身能源管理、节能潜力挖掘，以及政府部门对工业节能管控、能源利用水平的持续提高、节能低碳社会建设的良好助推作用，实现经济效益和社会效益的双赢。

（一）在工业用能企业服务方面

1. 通过能效对标等方式有效提升企业能效水平

通过能效对标、智慧能源管控、能效提升专家系统，切实提升企业能效。提供主要装置、工序、通用设备、产品单耗等方面的对标标杆数据，由数据处理与分析模块和能效提升专家系统模块自动找出差距，分析原因，并提供详细的技术可行性方案、经济性分析等企业关心的潜在能效项目方案，起到实时能源审计和专家现场诊断的作用，便于企业实施能效项目和优化用能管理。

2. 有效地优化企业自身的用能管理

工业能效在大数据平台建设同时所开发的企业用能管理软件，可有效地帮助企业进行用能管理。为增强分布式智慧能源系统的针对性，还将针对不同的行业开发不同的版本，便于企业依据自身情况进行针对性管理，发现自身在用能管理中的不足，发掘自身节能潜力，基于此，企业自身的用能管理水平将得到较大的优化。

3. 方便企业对接政府

企业可依据此管理软件，快速生成相关报告、报表，简化企业的人力管理，对企业对接政府提供了极大的便利。

以发电企业为例，在能源大数据系统平台的建设过程及功能服务方面，对发电企业的帮助有以下几点：

第一，提升机组能效水平。通过能源大数据平台的建设，将不同电厂的能源数据导入数据库，进行横向和历史纵向比较，经过专家库找出其他机组与标杆机组在能源管理、运行技术等方面的差距，并进行能耗数据对标，提出经济技术可行性、针对性更强的优化用能管理方案和节能技术改造项目。通过分析机组不同能耗数据以及挖掘不同指标的关联性，努力挖掘薄弱环节节能潜力点，使电力生产的设备、工艺工序尽量达到最优用能水平，指导企业进行有效能源管理，进一步刷新供电煤耗、机组效率等指标。

第二，指导企业宏观决策，减少企业管理工作。电厂作为用能大户和碳排放大户，其用能指标或节能指标以及碳排放指标均受政府相关部门的严格考核及控制，通过能源大数据平台相关功能对电厂的用能和碳排放进行预测预警，为企业留下了时间缓冲带，并经数据库的智能支持，为企业提供部分解决方案。此外，大数据平台自动生成相关报表提供给节能主管部门，减少了企业管理工作。

第三，锻炼电厂本身节能服务人才队伍，培育自身节能服务产业。在能源大数据平台建设过程中，通过电厂员工对平台建设提出的调研需求、使用及后期的能效分析和优化用能方案的提出等环节进一步锻炼了电厂的节能服务队伍能力，并可向其他相似电厂或企业提供节能服务，进而培育自身的节能服务产业。

（二）在节能服务机构服务方面

1. 有助于节能服务机构对服务对象的发掘

能源大数据分析可以及时发掘出能效水平较低、亟待进行节能技术改造的一批用能企业，大数据的分析结果对节能服务机构与工业用能企业的对接起到了极好的媒介作用。对于推广合同能源管理机制，通过市场化手段对推进全社会实现节能化发展具有重要的意义。

2. 对节能服务机构所服务的行业进行有效导向

通过对企业的用能情况和对行业进行大数据分析，可以及时发掘出能效水平较低、亟待提升能效的相关行业，节能服务企业可有针对性地研究发展对这些行业的节能技术改造方案，并大力推广，使工业用能企业和节能服务机构在此过程中获得双赢。

3. 有助于节能技术的推广

该平台还将收集汇总一批节能改造技术方案，通过该平台分享、发布，对节能服务机构的节能改造工作及先进节能技术的推广具有积极的推动作用。

4. 有助于在节能服务机构、研发机构和用能单位之间架起桥梁

可将大数据分析的成果和用能单位需求共享给节能服务企业和研发机构，以便更好地服务用能单位及促进节能服务研发行业的发展。

（三）在政府服务方面

（1）能源大数据平台收集、整合的工业用能数据，可以推动大数据产业在能源领域的进一步发展和完善，为建立智慧型工业奠定良好的数据基础。

（2）有助于政府整合地区内工业历史用能数据，进一步深入挖掘能源数据所蕴含的潜在价值，分析各行业的用能趋势、规律及产业结构调整成效，进行能耗和碳排放的预测预警，并为政府部门节能目标分解、落实、考核提供政策支撑。此外，项目的建设将有助于政府及相关单位的信息化人才培养，建成后将减少目前的人工工作量，提高工作效率。

（3）促进服务政府向服务社会的职能转变。有助于工业主管部门发现用能单位的节能潜力点，指导企业进行合理用能，优化用能管理，并提供可复制、可执行的节能技改方案，产业转型服务；有助于政府对金融投资机构进行导向，形成新的产业形态，如能源交易市场、碳排放权交易市场等。

第三节　新型电力系统构建的思考与建议

一、电力系统的组成及其作用

电力系统是由发电厂、输电网、配电网和电力用户组成的整体，是将一次性能源转换成电能并输送和分配到用户的一个统一系统。

发电厂将一次能源转换成电能，经过电网将电能输送和分配到电力用户的用电设备，从而完成电能从生产到使用的整个过程。电力系统还包括保证其安全可靠运行的继电保护装置、安全自动装置，调度自动化系统和电力通信等相应的辅助系统（一般称为

二次系统)。输电网和配电网统称为电网，是电力系统的重要组成部分。电力网络是由变压器、电力线路等变换、输送、分配电能设备所组成的。动力系统是在电力系统的基础上，把发电厂的动力部分(如火力发电厂的锅炉、汽轮机和水力发电厂的水库、水轮机及核动力发电厂的反应堆等)包含在内的系统。输电网是电力系统中最高电压等级的电网，是电力系统中的主要网络(简称“主网”)，起到电力系统骨架的作用，所以又被称为“网架”。在一个现代电力系统中既有超高压交流输电，又有超高压直流输电。这种输电系统通常被称为交、直流混合输电系统。

配电网是将电能从枢纽变电站直接分配到用户区或用户的电网，它的作用是将电力分配到配电变电站后再向用户供电，也有一部分电力不经配电变电站，而是直接分配到大用户，由大用户的配电装置进行配电。

在电力系统中，电网按电压等级的高低进行分层，按负荷密度的地域分区。不同容量的发电厂和用户应分别接入不同电压等级的电网。大容量主力电厂应接入主网，较大容量的电厂应接入较高电压的电网，容量较小的可接入较低电压的电网。配电网应按地区划分，一个配电网担任分配一个地区的电力及向该地区供电的任务。因此，它不应当与邻近的地区配电网直接进行横向联系，若要联系应通过高一级电网发生横向联系。配电网之间通过输电网发生联系，不同电压等级电网的纵向联系通过输电网逐级降压形成，不同电压等级的电网要避免电磁环网。

电力系统之间通过输电线连接，形成互联电力系统。连接两个电力系统的输电线称为联络线。

二、电力系统的负荷

电力系统中所有用电设备消耗的功率称为电力系统的负荷。其中把电能转换为其他能量形式(如机械能、光能、热能等)，并在用电设备中真实消耗掉的功率称为有功负荷。电动机带动风机、水泵、机床和轧钢机械设备等，完成电能转为机械能还要消耗无功。例如，异步电动机要带动机械，需要在其定子绕组中产生磁场，通过电磁感应在其转子中感应出电流，使转子转动，从而带动机械运转，这种为产生磁场所消耗的功率称为无功功率。变压器要变换电压，也需要在其一次绕组中产生磁场，才能在二次绕组中感应出电压，同样要消耗无功功率。因此，没有无功，电动机就转不动，变压器也不能转换电压。无功功率和有功功率同样重要，只是因为无功完成的是电磁能量的相互转换，不直接做功才称为“无功”的。电力系统负荷包括有功功率和无功功率，其全部功率称为视在功率，等于电压和电流的乘积(单位千伏安)。有功功率与视在功率的比值称为功率因数。电动机在额定负荷下的功率因数为 0.8 左右，负荷越小，其值越低；普通白炽灯和电热炉，不消耗无功，功率因数等于 1.0。

三、电力系统电压等级与变电站种类

（一）电力系统电压等级

电力系统电压等级有220/380V（0.4kV）、3kV、6kV、10kV、20kV、35kV、66kV、110kV、220kV、330kV、500kV。随着电机制造工艺的提高，10kV电动机已批量生产，所以3kV、6kV已较少使用，20kV、66kV也很少使用。供电系统以10kV、35kV为主，输配电系统以110kV以上为主。发电厂发电机有6kV与10kV两种，现在以10kV为主，用户均为220/380V（0.4kV）低压系统。

依据《城市电力网规定设计导则》的规定，输电网为500kV、330kV、220kV、110kV，高压配电网为110kV、66kV，中压配电网为20kV、10kV、6kV，低压配电网为0.4kV（220/380V）。

发电厂发出6kV或10kV电，除发电厂自己用（厂用电）之外，也可以用10kV电压送给发电厂附近用户，10kV供电范围为10km、35kV为20～50km、66kV为30～100km、110kV为50～150km、220kV为100～300km、330kV为200～600km、500kV为150～850km。

（二）变配电站种类

电力系统各种电压等级都是通过电力变压器来转换的，电压升高为升压变压器（变电站为升压站），电压降低为降压变压器（变电站为降压站）。一种电压变为另一种电压选用两个线圈（绕组）的双圈变压器，一种电压变为两种电压选用三个线圈（绕组）的三圈变压器。

变电站除有升压与降压之分外，还按规模大小分为枢纽站、区域站与终端站。枢纽站电压等级一般为三个（三圈变压器），550kV/220kV/110kV。区域站一般也有三个电压等级（三圈变压器），220kV/110kV/35kV或110kV/35kV/10kV。终端站一般直接接到用户，大多数为两个电压等级（两圈变压器），110kV/10kV或35kV/10kV。用户本身的变电站一般情况下只有两个电压等级（双圈变压器），110kV/10kV、35kV/0.4kV、10kV/0.4kV，其中以10kV/0.4kV为最多。

四、电力系统互联

电力系统互联可以获得极为显著的技术经济效益，它的主要作用和优越性有以下几个方面：

（一）更经济合理开发一次能源，实现水、火电资源优势互补

各地区的能源资源分布不尽相同，能源资源和负荷分布也不尽平衡。电力系统互联，可以在煤炭丰富的矿口建设大型火电厂，向能源匮乏的地区送电；也可以建设具有调节能力的大型水电厂，以充分利用水力资源。这样既可以解决能源和负荷分布的不平衡性，又可以充分体现水电和火电在电力系统中运行的特点。

（二）降低系统总的负荷峰值，减少总的装机容量

由于各电力系统的用电构成和负荷特性、电力消费习惯性的不同，以及地区间存在着时间差和季节差，因此，各个系统的年和日负荷曲线不同，出现高峰负荷不在同时发生。而整个互联系统的日最高负荷和季节最高负荷不是各个系统高峰负荷的线性相加，结果使整个系统的最高负荷比各系统的最高负荷之和要低，峰谷差也要减少。电力系统互联有显著的错峰效益，可以减少各系统的总装机容量。

（三）减少备用容量

各发电厂的机组可以按地区轮流检修，错开检修时间。通过电力系统互联，各个电网相互支援，可减少检修备用。各电力系统发生故障或事故时，电力系统之间可以通过联络线互相紧急支援，避免大的停电事故。这样既可提高各系统的安全可靠性，又可减少事故备用。总之，可减少整个系统的备用容量和各系统装机容量。

（四）提高供电的可靠性

由于系统容量加大，个别环节故障对系统的影响较小，而多个环节同时发生故障的概率相对较小，因此能提高供电可靠性。但是，个别环节发生故障如果不能够及时消除，就有可能扩大，涉及相邻的系统，严重情况下会导致大面积停电。因此，互联电力系统要形成合理的网架结构，提高电力系统的自动化水平，以保证电力系统互联高可靠性的实现。

（五）提高电能质量

电力系统负荷波动会引起频率变化。由于电力系统容量增大、供电范围扩大，总的负荷波动比各地区的负荷波动之和要小，因此，引起系统频率的变化也相对要小。同样，冲击负荷引起的频率变化也要减小。

（六）提高运行的经济性

各个电力系统的供电成本不相同，如在资源丰富地区建设发电厂，其发电成本较低。实现互联电力系统的经济调度，可获得补充的经济效益。

电力系统互联，由于联系增强也带来了新问题。比如，故障会波及相邻系统，如果处理不当，严重情况下会导致大面积停电；系统短路容量可能增加，导致要增加断路器等

设备容量；需要进行联络线功率控制等。这些都要求研究和采取相应的技术措施，提高自动化水平，只有这样才能充分发挥互联电力系统的作用和优越性。

由于发展电力系统互联能带来显著的效益，因此相邻地区甚至是相邻国家电力系统互联是电力工业发展的一个趋势。

五、新型电力系统的内涵、特征与关键技术展望

新型电力系统以新能源为主体，贯通清洁能源供需各个环节，有利于体现清洁电力的多重价值，促进经济社会低碳转型，是推动能源革命落地的创新实践。

（一）新型电力系统的内涵

新能源成为主体能源只是新型电力系统的基本特征，它有着更深刻的内涵。

首先，新型电力系统是贯通清洁能源供给和需求的桥梁。构建新型电力系统的本质是要满足高占比新能源电网的运行需求，通过打通能源供需各个环节，实现源网荷储高效互动。

其次，新型电力系统是释放电能绿色价值的有效途径。新型电力系统有助于清洁能源的优化配置和调度，通过绿色电力能源中介，引导能源生产和消费产业链的绿色转型，使电能绿色价值顺利传导至终端用户。

（二）新型电力系统的典型特征

新型电力系统的核心是新型，具有鲜明的特征。

数字技术赋能形成多网融合。物联网时代的突出特征是机器社交，能源真正的终端用户并不是个体的人，而是各类用能设备，能源网的终极形态一定是用能设备之间互联互通和机器社交。未来能源网将以能源的分布式生产和利用为突出特征，在云大物链等数字化技术驱动下进化成自平衡、自运行以及自处理的源网荷储一体化智慧能源系统。

因此，能源不会单独发展形成孤立的能源网，未来电力基础设施将变成一个平台，数字技术将深化能源网与政务网、社群网的融合互动，实现多网融合、共同发展。

用户侧将深度参与电力系统的平衡。受限于新能源的出力特性，灵活性资源将是保障电力系统稳定运行的重要因素。有效挖掘用户侧的灵活性、减少电力系统峰谷差、提高电源利用效率将成为经济可行的重要措施。

源网荷储互动将成为新型电力系统运行常态，可以通过中断负荷和虚拟电厂得到普及，电力负荷将实现由传统的刚性、纯消费型向柔性、生产与消费兼具型转变。

配电网将成为电力发展的主导力量。构建新型电力系统的过程实际上是一次配电网的革命。传统电力系统通常骨干电网最为坚强，越到电网末端系统越脆弱。但是，新型电力系统中配电网将承担绝大部分系统平衡和安全稳定的责任，绝大多数交易也将在

配电网内完成。现有的配电网最终需要在物理层面实现重构,成为电力系统的主导力量。

电力交易将主导调度体系。在不远的将来,新型电力系统将以满足用户的交易需求为主,调度的主要目的是确保用最小的系统成本完成用户交易行为的实施。用户与发电企业的直接交易将成为绝大部分电量的销售模式,灵活性资源也将随着现货市场机制的逐步完善成为核心交易内容,并且大部分交易将在配电网内完成,隔墙售电将成为主要交易方式。

(三)新型电力系统的关键技术展望

构建新型电力系统是一项系统而长远的工程,离不开科技创新与技术突破。

一是源网荷储双向互动技术。通过数字化技术赋能,推动“源随荷动”向“源荷互动”转变,实现源网荷储多方资源的智能友好、协同互动。

二是虚拟同步发电机技术。通过在新能源并网中加入储能或者是运行在实时限功率状态,并优化控制方式为系统提供调频、调压、调峰和调相支撑,提升新能源并网的友好性。

三是长周期储能技术。长时储能与大型风光项目的组合将大概率替代传统化石能源,成为基础负载发电厂,对零碳电力系统中后期建设产生深远的影响。

四是虚拟电厂技术。源网荷储一体化项目的推广应用,以及分布式能源、微网和储能的快速发展为虚拟电厂提供了丰富的资源,虚拟电厂将成为电力系统平衡的重要组成。

五是其他技术。新能源直流组网、直流微电网以及交直流混联配电网等技术的研发与突破,将有助于实现更高比例的新能源并网,为电力系统的安全稳定运行提供保障。

六、构建新型电力系统的思路与建议

落实碳达峰、碳中和目标,电力行业责任重大,构建以新能源为主体的新型电力系统是时代赋予的责任和使命,需要电源、电网和用户等产业链各方的共同努力,要以大力发展新能源为基础,以增加系统灵活性资源为保障。推动分布式、微电网与大电网融合发展,构筑坚强电网,加强技术创新和推广应用,实现发电、输配电和电力消费系统协同融合、共同发展,助力电力行业率先碳中和。

大力发展新能源。坚持集中式与分布式并举,有序推进三北地区等资源富集区新能源开发以及中东部负荷地区分布式能源建设,加大新能源产业开发力度。

同时,推动新能源产业与传统水电、环保、农业等融合发展,构建生态能源体系,推广水风光互补、渔光农光互补、光伏治沙等新业态,探索多能互补、智慧协同的能源生态发展道路。

增强系统灵活性资源。鼓励新能源项目配置一定规模的煤电、水电、储能等调节性资源，通过“新能源 + 调节性电源”模式提高新能源出力的稳定性。

积极推动具备条件的火电项目进行灵活性改造，努力为系统提供经济可行、规模较大的调节能力。以增加清洁能源消纳、增强调频调峰能力为目标，科学有序地发展抽水蓄能、电化学储能项目。加强可调节负荷、虚拟电厂等技术的研究和应用，实现源网荷储一体化协同发展。

推动分布式、微电网与大电网融合发展。加强数字技术应用，通过配电资产的深度链接构建基于传统电网物理架构的数字电网。支持分布式可再生能源 + 储能系统建设，通过就近取材、就地消纳，摆脱对大电网的依赖，形成多个独立微网，各个微电网之间互相备用支撑，实现“绿能”身边取。

当风电、光伏发电量占比超过 30%~40% 时，大电网系统的频率、电压、功角稳定极限及高昂的成本决定了其消纳新能源的天花板。因此，分布式、微电网与大电网的融合发展将成为未来电力系统的重要支柱。

加快技术创新和推广应用。加强新能源功率预测、虚拟同步发电机、柔性直流输电以及分布式调相机等技术研发，充分挖掘出工业大用户、电动汽车等需求侧响应资源。通过电源、电网及用户侧技术创新提高新能源消纳利用水平和保障电力系统安全稳定。

同时储能、虚拟电厂和直流微网等技术具有削峰填谷、调频调压作用，是支撑新能源跨越式发展的重要技术手段，建议国家层面统筹谋划，出台相应的顶层设计文件，加强产业引导，加大技术攻关，积极推动相关技术标准的制定，助力行业科学、规范、有序发展。

第二章 电能利用与新型发电类型

第一节 电能利用

一、能源的分类

能源是能够为人类提供各种形式能量的自然资源及其转化物，是国民经济发展和人民生活所必需的重要物质基础。通常来说，一个国家的国民生产总值和它的能源消费量大致是成正比的，能源的消费量越大，产品的产量就越大，整个社会也就越富裕。

按照国际能源组织对能源的分类，能源按照产生的方式可分为一次能源和二次能源。一次能源是指各种以现成形式存在于自然界而未经人们加工转换的能源，如水、石油、天然气、煤炭、太阳能、风能、地热能、海洋能和生物能等。一次能源在未被开发而处于自然形态时称作能源资源。世界各国的能源产量和消费量一般是指一次能源。为了便于比较和计算，惯常将标准煤或油当量作为各种能源的统一计量单位。二次能源则是指直接或间接由一次能源转化或加工制造而产生的其他形式的能源，如电能、煤气、汽油、柴油、焦炭、酒精、氢能、洁净煤、激光和沼气等。一次能源除了在少数情况下能够以原始状态使用外，更多的是根据所需的目的对其进行加工，将其转换成便于使用的二次能源。随着科技水平和社会现代化要求的逐步提高，二次能源在整个能源消费系统中所占的份额将会日益扩大。

一次能源还可进一步细分。凡是可以不断得到补充或能在较短周期内再产生，即具有自然恢复能力的能源称为可再生能源。根据联合国的定义，可再生能源又可分为传统的可再生能源和新的可再生能源。传统的可再生能源主要包括大水电和利用传统技术的生物能源；新的可再生能源主要指利用现代技术的小水电、太阳能、风能、生物质能、地热能和海洋能等。随着人类的利用而逐渐减少的能源被称为不可再生能源，如煤炭、原油、天然气、油页岩和核能等，它们经过亿万年才得以形成且在短期内无法恢复再生，用掉一点，便少一点。

按照来源的不同，一次能源又可分为三类，即来自地球以外天体的能源、来自地球内部的能源和地球与其他天体相互作用时所产生的能源。来自地球以外天体的能源主要是指太阳能。各种植物通过光合作用把太阳能转变为化学能，在植物体内储存下来。这部分能量为动物和人类的生存提供了能源，地球上的煤炭、石油和天然气等化石燃料，是由古代埋藏在地下的动植物经过漫长的地质年代而形成的，所以化石燃料本质上是储存下来的太阳能。太阳能、风能、水能、海水温差能、海洋波浪能和生物质能等，也都直接或者是间接来自太阳。来自地球内部的能源主要是指地下热水、地下蒸气、岩浆等地热能和铀、钚等核燃料所具有的核能。地球与其他天体相互作用产生的能源主要是指由于地球与月亮和太阳之间的引力作用造成的海水有规律的涨落而形成的潮汐能。

能源分类如表 2-1 所示。

表 2-1 能源分类表

类别	来自地球内部的能源		来自地球以外天体的能源	地球与其他天体相互作用产生的能源
一次能源	可再生能源	地热能	太阳能、风能、水能、生物质能、海水温差能、海水波浪能、海（湖）流能	潮汐能
	不可再生能源	核能	煤炭、石油、天然气、油页岩	……
二次能源	焦炭、煤气、电力、氢能、蒸汽、酒精、汽油、柴油、重油、液化气、电石			

根据使用的广泛程度，能源又可分为常规能源和新能源。在现有经济技术条件下已经大规模生产并得到广泛使用的能源称为常规能源，如水能、煤炭、石油、天然气和核裂变能等，目前这五类能源几乎支撑着全世界的能源消费。所谓新能源就是指尚未被人类大规模利用，并有待进一步研究实验的能源，如太阳能、风能、地热能、海洋能、核能和生物质能等。新能源大部分是天然、可再生的，它们构成了未来世界持久能源系统的基础。显然，常规能源和新能源有一个时间上相对的概念。

从环境保护的角度出发，能源还可分为污染能源和清洁能源。清洁能源还可分为狭义的清洁能源和广义的清洁能源两大类。狭义的清洁能源仅指可再生能源，包括水能、生物质能、太阳能、风能、地热能和海洋能等，它们消耗之后可以得到恢复补充，不产生或者很少产生污染物。因此，可再生能源被认为是未来能源结构的基础。广义的清洁能源是指在能源生产、产品化和消费的过程中，对生态环境尽可能低污染或无污染的能源，包括低污染的天然气等化石能源、利用洁净能源技术处理的洁净煤和洁净油等化石能源、以及核能。显然，在未来人类社会科学技术高度发达并具备了强大的经济能力的情况下，狭义的清洁能源是最理想的环境友好型能源。

二、电能的利用

电能是迄今为止人类文明史上最优质的能源。正是依赖于对电能的开发和利用，人类才得以进入如此发达的工业化和信息化社会。人类在电能的产生、传输和利用方面已经取得了十分辉煌的成就。电力与人们的生产和生活息息相关，电气化成为一个国家现代化水平的重要标志，因而发电形式的开发情况也就能从侧面反映一个国家的先进程度。

由于电能易于转化成机械能、热能、光能，且价格低廉、容易控制，还便于大规模生产、远距离输送和分配，又是信息的重要载体，所以电能由最初用于照明、电报、电话，迅速扩展，应用于人类生产活动和日常生活的方方面面。

电能在现代工业生产中占有重要地位。从技术上来说，现代工业生产有三项不可缺少的物质条件，一是原料或材料，二是电能，三是机器设备，其中电能是现代工业的血液和神经。

电能与现代化农业的关系十分密切。现代化的农业生产中，耕种和灌溉等一系列环节都会直接或间接地消耗电能。随着农业机械化和电气化的发展，农业生产对电能的需求量也将日益增加，电力工业的发展水平将直接影响农业生产的发展。人们日常生活和公用事业也都离不开电能。

电能产生的方式繁多，有火力发电、水力发电、核能发电、风力发电和太阳能发电等。就目前的生产力水平而言，主要还是以火力发电、水力发电和核能发电为主。

今后，随着现代科学技术的飞速发展，无论是发电技术、输电技术、配电技术，还是电能的利用技术，都将在继承中得到发展，在应用中逐渐被完善。

第二节　现有的发电类型

一、火力发电

（一）火力发电的类型与流程

火力发电一般是指利用石油、煤炭和天然气等燃料燃烧时产生的热能来加热水，使水变成在高温、高压下水蒸气，然后由水蒸气推动发电机来发电的方式的总称。

火力发电厂由三大主要设备——锅炉、汽轮机、发电机及相应辅助设备组成，它们通过管道或者是线路相连构成生产主系统，即燃烧系统、汽水系统和电气系统。

按其作用划分，火力发电有纯供电的和既发电又供热的（热电联产的热电厂）两类。

按原动机分，火力发电主要分为汽轮机发电、燃气轮机发电、柴油机发电（其他内燃机发电容量很小）。

按所用燃料分，火力发电主要分为燃煤发电、燃油发电、燃气（天然气）发电、垃圾发电、沼气发电和利用工业锅炉余热发电等。为了提高经济效益、降低发电成本、保护大城市和工业区的环境，火力发电应尽量在靠近燃料基地的地方进行，利用高压输电线路或超高压输电线路把强大电能输往负荷中心。热电联产方式则应该在大城市和工业区实施。

火力发电的流程因所用原动机不同而异。汽轮机发电的基本流程是先将经过粉碎的煤送进锅炉，同时送入空气，锅炉中注入经过化学处理的水，利用燃料燃烧放出的热能使水变成水蒸气，驱动汽轮机旋转做功带动发电机发电。

（二）火力发电系统的构成

根据火力发电的生产流程可知，火力发电系统的基本组成包括燃烧系统、汽水系统（燃气轮机发电和柴油机发电无此系统，但这二者在火力发电中所占比重都不大）、电气系统和控制系统。

二、水力发电

水力发电就是利用水力（具有水头）推动水力机械（水轮机）转动，将水能转变为机械能，如果在水轮机上接上另一种机械（发电机），该机械随着水轮机转动便可发出电来，这时机械能又转变为电能。水力发电在某种意义上讲是水的势能变成机械能，机械能又变成电能的转换过程。水力发电具有其独特的优越性，即清洁、绿色和可再生性。水电不会明显地污染空气，也不会产生温室气体。通过对水电的使用寿命进行分析可知，水能与多数其他能源类型相比而言较为有利。水能的可再生性依赖水文的周期性变化。

水能因清洁、绿色和可再生性而具有环境和市场效益。除此之外，水力发电又由于其固有的技术特点，具有下列优越性：

第一，快速响应。机组可在数秒内实现启动和关闭，具有荷载曲线陡峭的特性。这种特性使水力发电更有利于电网的特殊运行。

第二，可靠性。与风能和太阳能不同，虽然供水有限，但水能是可预测的而且可靠。

第三，稳定的成本。虽然水力发电的投资高，但其运行费用很低，且不受燃料价格变动的影响。

水力发电有以下四种方式：第一，流入式水力发电；第二，调整池式水力发电；第三，水库式水力发电；第四，扬水式水力发电。

三峡工程（三峡水电站）自正式开工以来，共创造了100多项世界之最，打破了世界水利工程的纪录，其中最重要的世界之最就有七项。目前，三峡水电站供电区域为湖北、河南、湖南、江西、江苏、浙江、安徽、广东、上海八省一市，三峡电力外送形成中、东、南三大送电通道。三峡工程对中国能源安全的另一个重大作用,就是极大地提高了全国电力供应的可靠性和稳定性。在以三峡水电站为中心的1000公里半径内,全国除辽宁、吉林、黑龙江、西藏和海南等外,多数省市区都在这个范围内。

三、核能发电

核能是指原子核裂变反应或聚变反应所释放出的能量。通常所说的核能是指在核反应堆中由受控链式核裂变反应产生的能量。核能发电（简称核电）是和平利用核能的最重要方式。核电站也被称为原子电站,是用铀、钚做燃料来发电的。

核能发电具有能量高度集中、铀资源丰富、有利于环境保护以及核电厂建设投资大和周期长四个特点。

核电站按所采用的核反应堆类型一般分为压水堆、沸水堆、重水堆、石墨水冷堆、石墨气冷堆、高温气冷堆和快中子增殖堆七种。

第三节　新型发电方式

地球赋予人类的资源是很丰富的。然而目前除了石油、煤炭等常规化石能源以外，很多新能源至今并没有得到很好的利用。从技术和市场潜力等方面分析，太阳能、地热能、风能、氢能和燃料电池等将是非常有前景和实用价值的可再生能源和新能源,因而这些是重点发展领域。

一、太阳能发电

太阳能是指在太阳内部连续不断的核聚变反应过程中所产生的能量。太阳是个巨大的能源。根据估算,太阳每秒钟向太空散射的能量约 3.8×10^{26} 兆瓦,其中有二十二亿分之一向地球投射，而投射到地球上的太阳辐射被大气层反射、吸收之后，就只有大约70% 投射到地面,能量高达 1.05×10^{18} 千瓦时,相当于 1.3×10^{6} 亿吨标准煤,其中我国陆地面积每年接收到的太阳能相当于 2.4×10^{4} 亿吨标准煤。

由于地球以椭圆形轨道绕太阳运行,因此,太阳与地球之间的距离并不是一个常数,而且一年里每天的日地距离也不相同。某一点的辐射强度与其与辐射源的距离的平方成反比,这意味着地球大气上方的太阳辐射强度会随日地距离的不同而异。由于地球距离太阳很远,所以地球大气层外的太阳辐射强度可以认为是一个常数。

大气中空气分子、水蒸气和尘埃等对太阳辐射的吸收、反射和散射,不仅使太阳辐射强度减弱，还会改变辐射的方向和光谱分布。因此，实际到达地面的太阳总辐射通常由直达日射和漫射日射两个部分组成。漫射日射的变化范围很大，事实上，到达地球表面的太阳辐射主要受大气层厚度的影响。大气层越厚，对太阳辐射的吸收、反射和散射也就越多，到达地面的太阳辐射就越少。此外，大气的状况和大气的质量对到达地面的太阳辐射也会有影响。另外，太阳辐射穿过大气层的路径长短与太阳辐射的方向有关，因此，地球上不同地区、不同季节和不同气象条件下到达地面的太阳辐射强度都是不同的。

太阳能发电具有以下优点：①太阳能是一个巨大的能源。照射到地球上的太阳能要比人类消耗的能量大 6000 倍。②太阳能发电安全可靠，不会遭受或面临能源危机或燃料市场不稳定的冲击。③太阳能随处可得，可就近供电，不必长距离输送，缩短了输电线路等。④太阳能发电不用燃料，运行成本很低。⑤太阳能发电没有运动部件，维护简单，不易损坏，特别适合在无人值守情况下使用。⑥太阳能发电不产生任何废弃物，没有污染、噪声等公害，太阳能是一种对环境无污染的理想清洁能源。⑦太阳能发电系统建设周期短，由于是模块化安装，使用规模小到用于几毫瓦的太阳能计算器，大到用于数十兆瓦的光伏发电站，方便灵活，而且可以根据负荷的增减，任意添加或者是减少太阳电池容量，避免产生浪费。⑧结构简单，体积小，质量轻。能独立供电的太阳能电池组件和方阵的结构都比较简单。⑨易安装，易运输，建设周期短。只要用简单的支架把太阳能电池组件支撑起来，使之面向太阳，即可以发电，特别适合做小功率移动电源。

太阳能发电具有以下缺点：①在地面上应用时有间歇性，发电量与气候条件有关，在晚上或阴雨天不能发电或很少发电，与负荷用电需要常常不相符，所以通常需要配备储能装置，并且要根据不同使用地点进行专门的优化设计。②能量密度较低，在标准测试条件下，地面上接收到的太阳辐射强度为 1 千瓦 / 平方米，大规模使用时，需要占用较大面积。③目前价格仍较贵，为常规发电的几倍金额，初始投资较高，影响了其被大量推广应用。

太阳能的转换共有三种方式，即光热转换、光电转换和光化学转换。

太阳能热利用是指太阳辐射能量通过各种集热部件转变成热能后被直接利用，它可分低温（100 ~ 300℃）和高温（300℃以上）两种，分别适用于工业用热、制冷、空调、烹调和热发电、材料高温处理等。太阳能节能建筑分主动式和被动式两种：前者与常规能源采暖系统基本相同，仅以太阳能集热器作为热源代替传统锅炉；后者则利用建筑本身的结构吸收和储存太阳能，达到取暖的目的。

太阳能发电主要有两种形式：一种是通过光电器材，将太阳能直接转换成电能，称为太阳能电池发电；另一种是将太阳能变为热能，用常规火力发电厂的方式发电，称为太阳能热力发电。

太阳能电池类型很多，如单晶硅太阳能电池、多晶硅太阳能电池、非晶硅太阳能电池、硫化镉太阳能电池和砷化镓太阳能电池等。许多国家都将太阳能光电技术列为重要技术,在制造和发电成本方面已在特殊应用场合具有一定的竞争能力。

光化学是研究光和物质相互作用引起的化学反应的一个化学分支。光化学电池是利用光照射半导体和电解液界面,发生化学反应,在电解液内形成电流,并使水电离直接产生氢的电池。

二、潮汐能发电

长期以来,人类一直认为广阔的海洋是地球的资源宝库,将其称为能量之海。海洋面积约占地球面积的 71%,海洋中蕴藏着丰富的功能资源,其中海洋热能是指海洋表层水体和深层水体温差引起的热能。除了用于发电之外,海洋热能还可以用于海水脱盐、空调和深海矿藏开发。海洋波浪能指蕴藏在海面波浪中的动能和势能。海洋波浪能主要用于发电,也可用于输送和抽运水、供暖、海水脱盐和制造氢气。

从经济和技术上的可行性、地球环境的生态平衡及可持续发展等方面综合分析,潮汐能发电将会作为成熟的技术得到大规模的利用。充分利用海洋潮汐发电,已经成为人类理想的新型发电方式之一。

所谓潮汐能,简而言之,就是潮汐中所蕴含的能量。这种能量是十分巨大的,潮汐涨落的动能和势能可以说是一种取之不尽、用之不竭的动力资源,人们称海洋为“蓝色的煤海”。潮汐能的大小直接与潮差有关,潮差越大,潮汐能就越大。由于深海大洋中的潮差一般极小,因此,潮汐能的利用主要集中在潮差较大的浅海、海湾和河口地区。在太阳、月球引力的作用下,潮汐能的大小与潮高的平方成正比。

潮汐能发电就是利用海水涨落及其造成的水位差来推动涡轮机,再由涡轮机带动发电机来发电,其发电的原理与一般的水力发电差别不大,只是一般的水力发电水流的方向是单向的,而潮汐能发电其方向则有所不同。

潮汐能发电原理与普通水力发电原理类似,在涨潮时将海水储存在水库内,潮汐能以势能的形式保存,然后在落潮时放出海水,利用高、低潮位之间的落差,推动涡轮机旋转,带动发电机发电。

潮汐能发电按根据能量形式的不同可以分为两种:一种是利用潮汐的动能发电,即利用具有一定流速的涨落潮水直接冲击涡轮机发电;另一种则是利用潮汐的势能来发电,也就是在海湾或河口修筑拦潮大坝,利用坝内外涨、落潮时的水位差来发电。由于潮汐周期性地发生变化,所以其电力供应也具有间歇性。

三、风力发电

风主要是由于太阳照射到地球上，各处地形与纬度的差异使得日照不均匀，受热不同产生温差所引起的冷热空气对流（热轻上升、冷重下降）而形成的。风车是人们最早用来转换能量的装置之一。风力发电首先将风能转换为机械能，再将机械能转换为电能，最终将电能输送至用户。风力发电技术是一项多学科的、可持续发展的以及绿色环保的综合技术。目前风力发电的发展方向是：风力发电机组质量更轻、结构更具柔性，直接驱动发电机（无齿轮箱）和变转速运行，风能利用率越来越高，单机容量越来越大。

风能主要具有以下特性：第一，风能是可再生能源；第二，风能是清洁能源；第三，风能具有统计性规律。

在现今世界的可再生能源开发中，风力发电是除水能资源开发外技术最成熟、最具大规模开发和商业利用价值的发电方式。随着风力发电技术的不断发展，风力发电机组制造成本和项目开发成本会不断降低，因此，风力发电的开发利用前景十分乐观。除了不消耗燃料，不污染环境，所需的原料取之不尽、用之不竭外，风力发电还具有以下几方面固有的独特优势：第一，占地极小；第二，工程建设周期短；第三，装机规模灵活、方便；第四，运行简单；第五，风力发电技术日趋成熟，产品质量可靠，风能已是一种安全、可靠的能源；第六，风力发电的经济性日益提高，发电成本无限接近煤电。

世界风力发电发展概况：第一，装机容量不断扩大；第二，风力发电机组制造水平不断提高；第三，近海风力发电逐渐商业化。

四、地热发电

地球的内部是一个高温、高压的环境，因而是一个蕴藏着巨大热能的热库。地球表层以下的温度随深度的增加而逐渐增高，大部分地区每深入 100 m，温度大约增加 3℃，而在这之后其增长速度又逐渐减慢，到一定深度就不再升高了。地核的温度在 5000℃以上。地热能就是从地球内部释放到地表的能量。

形成地热资源有四个要素，即热储层、热储体盖层、热流体通道和热源。通常按照在地下热储中存在的形式不同，将地热资源分为蒸汽型、热水型、地压型、干热岩型和岩浆型五类。

地热能的利用方式可分为两大类，即直接利用和地热发电。

（一）直接利用

从热力学的角度来看，将中、低温地热能直接用于中、低温的用热过程，是再合理不过的了。

（二）地热发电

地热发电是以地下热水和蒸汽为动力源的一种新型发电技术，它涉及地质学、地球物理、地球化学、钻探技术、材料科学和发电工程等多种现代科学技术。

五、燃料电池发电

我们知道，一般的干电池或蓄电池是没有反应物质输入和生成物排出的，所以其寿命是有限的，但是可以连续地为燃料电池提供反应物（燃料），并且燃料电池不断排出生成物（水），因而燃料电池可以连续地输出电力。

与传统的火力发电不同，燃料电池在发电时，其燃料不需要经过燃烧，没有将燃料化学能转化为热能、再将热能转化为机械能、最终将机械能转化为电能的复杂过程，而是直接将燃料（天然气、煤制气、石油等）中的氢气借助电解质与空气中的氧气发生化学反应。在生成水的同时发电，因此，燃料电池发电实质上是化学能发电。燃料电池发电被称为是继火力发电、水力发电、原子能发电之后的第四大发电方式。

燃料电池的工作方式与常规的化学电源不同，它的燃料和氧化剂由电池外的辅助系统提供，在运行过程中，为保持燃料电池连续工作，除了需要匀速地供应氢气和氧气外，还需连续、匀速地从空气极中排出化学反应生成的水以维持电解液浓度的恒定，排除化学反应的废热以维持燃料电池工作温度的恒定。

燃料电池发电系统主要包括燃料重整系统、空气供应系统、直流 - 交流逆变系统、余热回收系统和控制系统等，在高温燃料电池中还有剩余气体循环系统。

燃料电池的优点主要有以下几个：①污染极少、噪声小；②能量转换效率高，其本体的效率在 40% 以上，如果将排出的燃料重复利用，再利用其排热，对于中、高温燃料电池，综合效率可达 80%；③适应负荷的能力强；④占地小，建设快，构造简单，便于维护保养；⑤燃料广泛，补充方便：⑥不需要大量的冷却水，适于内陆和城市地下应用；⑦由于燃料电池由基本电池组成，所以可以用积木式的方法组成各种不同规格、功率的电池，并可以按照需要装配成发电系统安装在海岛、边疆和沙漠等地区。

目前已经开发出多种类型的燃料电池。燃料电池最常见的分类方法，即按燃料电池所采用的电解质进行分类，燃料电池可划为碱性燃料电池（AFC）、磷酸燃料电池（PAFC）、熔融碳酸盐燃料电池（MCFC）、固体氧化物燃料电池（SOFC）、质子交换膜燃料电池（PEMFC）和直接甲醇燃料电池（DMFC）等。其中 PAFC、MCFC、SOFC 和 PEMFC 的特性如下表 2-2 所示。

表 2-2 PAFC、MCFC、SOFC 和 PEMFC 的特性

类型	PAFC	MCFC	SOFC	PEMFC
主要燃料	H_2	H_2、CO	H_2、CO	H_2
电解质	磷酸	碳酸钾、碳酸锂	二氧化锆	质子交换膜
工作温度	200℃	650℃	1 000℃	85℃
理论效率	80%	78%	73%	83%
应用领域	现场集成能量系统	电站区域性供电	电站联合循环发电	电动车、潜艇电源

六、生物质能发电

所谓生物质，就是在有机物中除矿物燃料外的所有来源于植物、动物和微生物的可再生的物质，即由光合作用产生的各种有机体的总称。光合作用的简单过程如下：

$$\text{二氧化碳} + \text{水} \xrightarrow[\text{叶绿体}]{\text{光}} \text{有机物} + \text{氧气}$$

生物质通常包括木材和森林工业废弃物、农业废弃物、水生植物、油料植物、城市与工业有机废弃物、动物粪便等。在各种可再生能源中，生物质能是独特的，它是储存的太阳能，更是唯一可再生的碳源，生物质可转化成常规的固态、气态和液态燃料。地球上每年植物经过光合作用所固定的碳达 2×10^{11} 吨，含能量达 3×10^{11} 焦耳，因此每年通过光合作用储存在植物枝、茎、叶中的太阳能，相当于全世界每年耗能量总量的 10 倍。生物质能遍布世界各地，其蕴藏量极大，就能源当量而言，生物质能是仅次于煤、石油和天然气而位居第四的能源，在整个能源系统中占有重要地位。

生物质种类繁多，大致可做以下分类：①木质素类：木屑、木块、树枝、树叶、树根和芦苇等。②农业废弃物：各种秸秆、果壳、果核、玉米芯和蔗渣等。③水生植物：藻类和水葫芦等。④油料作物：棉籽和油菜加工废料等。⑤食品加工废弃物：屠宰场、酒厂、豆制品厂在加工过程中产生的废物与废水。⑥粪便及活动废物：人畜粪便、畜禽场冲洗废水和人类活动过程中产生的各种垃圾等。

目前生物质能利用技术主要有以下几种：第一，热化学转化技术：将固体生物质转换成可燃气体、焦油、木炭等品位高的能源产品；第二，生物化学转换技术：主要指生物质在微生物的发酵作用下生成沼气和酒精等能源产品；第三，生物质压块细密成型技术：把粉碎烘干的生物质加入成型挤压机，在一定的温度和压力下，形成较高密度的固体燃料。

常用的几种生物质能发电技术有甲醇发电、城市垃圾发电、生物质燃气发电和秸秆发电。

生物质能发电在可再生能源发电中具有电能质量好、可靠性高的优点，比小水电、风

电和太阳能发电等间歇性发电要好得多，可以作为小水电、风电和太阳能发电的补充能源，具有很高的经济价值。

七、核聚变——人类未来的能源之星

原子核中蕴藏着巨大的能量，原子核的变化（从一种原子核变为另外一种原子核）往往伴随着能量的释放。由重的原子核变为轻的原子核，称为核裂变。人们熟悉的原子弹和核电站发电利用的都是核裂变原理。核聚变的过程与核裂变相反，核聚变是指由质量轻的原子，在一定条件下（如超高温和高压）发生原子核互相聚合作用，生成新的质量更重的原子核，并伴随着巨大的能量释放的一种核反应形式，也就是说，核聚变是几个原子核聚合成一个原子核的过程，只有较轻的原子核才能发生核聚变，如氢的同位素氘、氚等。太阳内部连续进行着氢聚变成氦的过程，它的光和热就是由核聚变产生的。

核聚变能释放出巨大的能量，但是目前人们只能在氢弹爆炸的一瞬间实现不受控制的人工核聚变，而要使人工核聚变产生的巨大能量为人类服务，就必须使核聚变实现在人们的控制下进行，这就是受控核聚变，即必须能够合理地控制核聚变的速度和规模，实现持续、平稳的能量输出。

与核裂变相比，核聚变有两大优点。一是地球上蕴藏的核聚变能远比核裂变能丰富得多，约为可进行核裂变元素所能释出的全部核裂变能的 1000 万倍。二是核聚变既干净又安全：因为它不会产生污染环境的放射性物质，所以它是干净的；受控核聚变反应可在稀薄的气体中持续、稳定地进行，所以它又是安全的。

几十年来，科学家们经过坚持不懈的努力，已在核聚变方面为人类摆脱能源危机做出了较大的贡献。

第四节　发电、供电和用电的基本设备

一、发电机

19 世纪 30 年代，科学家法拉第（Michael Faraday）成功地使机械力转变为电力。在迈出了这最艰难的一步之后，法拉第不断研究，历经两个月研制成功第一台能产生稳恒电流的发电机，标志着人类从蒸汽时代跨入了电气时代。

100 多年来，陆续出现了很多现代的发电形式，有风力发电、水力发电、火力发电、原子能发电、热发电和潮汐能发电等。发电机的类型日益丰富，构造日臻完善，效率也越来

越高，但基本原理仍基本上与法拉第的实验一样，少不了运动着的闭合导体，也少不了磁铁。

发电机是将其他形式的能源转换成电能的机械设备，它由水轮机、汽轮机、柴油机或者是其他动力实现机械驱动，将水流、气流、燃料燃烧或原子核裂变产生的能量转化为机械能并传给发电机，再由发电机转换为电能。

发电机的形式很多，但工作原理都是关于电磁感应定律和电磁力定律。因此，发电机构造的一般性原则是用适当的导磁和导电材料构成互相进行电磁感应的磁路和电路，以产生电磁功率，达到能量转换的目的。发电机通常是通过定子、转子、端盖和轴承等构成。定子由定子铁芯、定子绕组、机座及固定这些部分的其他结构件组成。转子由转子铁芯（或磁极、磁轭）、转子绕组、护环、中心环、滑环、风扇和转轴等部件组成。由轴承及端盖将发电机的定子、转子连接并组装起来，使转子能在定子中旋转，做切割磁力线的运动，从而产生感应电势，通过接线端子引出，接在回路中，便产生了电流。

发电机可以分为直流发电机和交流发电机。其中交流发电机又可分为同步发电机和异步发电机，还可分为单相发电机与三相发电机。

发电机的类型主要有直流发电机、柴油发电机、同步发电机、汽轮发电机和水冷式发电机等。其中同步发电机又可分为转场式同步发电机和转枢式同步发电机。

二、变压器

变压器是一种把电压和电流转变成另一种（或几种）同频率的不同电压和电流的电气设备。发电机发出的电功率，需要升高电压才能送至远方用户，而用户则需要把高电压再降成低压才能使用，这个任务是由变压器来完成的。

变压器的最基本形式，包括两组绕有导线的线圈，并且彼此以电感方式耦合在一起。当一交流电流（具有某一已知频率）流入其中一组线圈时，另一组线圈中将感应出具有相同频率的交流电压，而感应电压的大小取决于两线圈耦合和磁交链的程度。

一般将连接交流电源的线圈称为一次线圈；跨于此线圈的电压称为一次电压。二次线圈的感应电压可能大于或小于一次电压，这是由一次线圈与二次线圈间的匝数比所决定的。因此，变压器有升压变压器和降压变压器两种。

从不同的角度对变压器分类如下：

（一）按冷却方式分类

干式（自冷）变压器、油浸（自冷）变压器和氟化物（蒸发冷却）变压器。

（二）按防潮方式分类

开放式变压器、灌封式变压器、密封式变压器。

（三）按铁芯或线圈结构分类

芯式变压器（插片铁芯、C形铁芯、铁氧体铁芯）、壳式变压器（插片铁芯、C形铁芯、铁氧体铁芯）、环形变压器和金属箔变压器。

（四）按电源相数分类

单相变压器、三相变压器和多相变压器。

（五）按用途分类

电源变压器、调压变压器、音频变压器、中频变压器、高频变压器和脉冲变压器。

三、电动机

电动机是一种把电能转换成机械能的设备，分布于各个用户处。电动机按使用电源不同分为直流电动机和交流电动机，电力系统中的电动机大部分是交流电动机，它可以是同步交流电动机，也可以是异步交流电动机（电动机定子磁场转速与转子旋转转速不保持同步）。

通常情况下，电动机的做功部分做旋转运动，这种电动机称为转子电动机；也有做直线运动的，其称为直线电动机。电动机能提供的功率范围很大（从毫瓦级到万千瓦级）。电动机的使用和控制非常方便，具有自启动、加速、制动和反转等能力，能满足各种运行要求。电动机的工作效率较高，且没有烟尘、气味，不污染环境，噪声也较小。它由于具有一系列优点，所以在工农业生产、交通运输、国防、商业及家用电器以及医疗电器设备等各方面被广泛应用。

一般电动机主要由两个部分组成：一是固定部分，被称为定子；二是旋转部分，称为转子。另外，它还有端盖、风扇、罩壳、机座和接线盒等。

电动机的分类如下：

（一）按功能来分类

电动机可分为驱动电动机和控制电动机。

（二）按电能种类来分类

电动机分为交流电动机和直流电动机。

（三）按电动机的转速与电网电源频率之间的关系来分类

电动机可分为同步电动机和异步电动机。

（四）按电源相数来分类

电动机可分为单相电动机和三相电动机。

（五）按防护形式来分类

电动机可分为开启式电动机、防护式电动机、封闭式电动机、隔爆式电动机、潜水式电动机和防水式电动机。

（六）按安装结构形式来分类

电动机可以分为卧式电动机、立式电动机、带底脚电动机及带凸缘电动机等。

（七）按绝缘等级来分类

电动机可以分为 E 级电动机、B 级电动机、F 级电动机及 H 级电动机等。

第三章　电力系统调度自动化

第一节　调度的主要任务及结构体系

一、电力系统调度的主要任务

电力系统调度的主要任务是控制整个电力系统的运行方式，使之无论在正常情况或事故情况下，都能够符合安全、经济及高质量供电的要求。具体任务主要有以下几点：

（一）保证供电的质量优良

电力系统首先应该尽可能地满足用户的用电要求，即其发送的有功功率与无功功率应该满足

$$\begin{cases}\sum_i P_{g\cdot i}-\sum_j P_{fh\cdot j}=0\\ \sum_i Q_{g\cdot i}-\sum_j Q_{fh\cdot j}=0\end{cases} \tag{3-1}$$

式中，$P_{g\cdot i}$、$Q_{g\cdot i}$、$P_{fh\cdot j}$、$Q_{fh\cdot j}$ 分别为第 i 个电厂发送的有功、无功功率及第 j 个用户或线路消耗的有功、无功功率。

这样就可以使系统的频率与各母线的电压都保持在额定值附近，即保证了用户能够得到质量优良的电能。为保证用户得到优质电能，系统的运行方式应该合理，另外还需要对系统的发电机组、线路及其他设备的检修计划做出合理的安排。在有水电厂的系统中，还应该考虑到枯水期与旺水期的差别，但这方面的任务接近于管理职能，它的工作周期较长，一般不算作调度自动化计算机的实时功能。

（二）保证系统运行的经济性

电力系统运行的经济性当然与电力系统的设计有很大关系，因为电厂厂址的选择与布局、燃料的种类与运输途径、输电线路的长度与电压等级等都是设计阶段的任务，而这些都是与系统运行的经济性有关的问题。对于一个已经投入实际运行的系统，其发、供电的经济性就取决于系统的调度方案了。一般情况下，大机组比小机组效率高，新机组比旧机组效率高，高压输电比低压输电经济。但调度时首先要考虑系统的全局，要保证

必要的安全水平，所以要合理安排备用容量的分布，确定主要机组的出力范围等。由于电力系统的负荷是经常变动的，发送的功率也必须随之变动。因此，电力系统的经济调度是一项实时性很强的工作，在使用了调度自动化系统以后，这项任务大部分便依靠计算机来完成了。

（三）保证较高的安全水平

电力系统发生事故既有外因，也有内因。外因是自然环境、雷雨、风暴、鸟栖等自然"灾害"，内因则是设备的内部隐患与人员的操作运行水平欠佳。一般来说，完全由于操作失误和过低的检修质量而产生的事故也是有的，但事故多半都是由外因引起，通过内部的薄弱环节而发生。世界各国的运行经验证明，事故是难免的，但是一个系统承受事故冲击的能力却与调度水平密切相关。事故发生的时间、地点都是无法事先断言的，要衡量系统承受事故冲击的能力，无论在设计工作中，还是在运行调度中都是采用预想事故的方法。即对于一个正在运行的系统，必须根据规定预想几个事故，然后进行分析、计算，若事故后果严重，就应选择其他的运行方式，以减轻可能出现的后果，或使事故只对系统的局部范围产生影响，而系统的主要部分则可免遭破坏。这就提高了整个系统承受事故冲击的能力，即提高了系统的安全水平。由于系统的数据与信息的数量很大，负荷又经常变动，要对系统进行预想事故的实时分析，也只在计算机应用于调度工作后才有了实现的可能。

（四）保证提供强有力的事故处理措施

事故发生后，面对受到严重损伤或遭到了破坏的电力系统，调度人员的任务是及时采取强有力的措施去处理事故，调度整个系统，使对用户的供电能够尽快地恢复，把事故造成的损失减少到最小，把一些设备超限运行的危险性尽早排除。对电力系统中只造成局部停电的小事故，或某些设备的过限运行，调度人员一般可以从容处理。大事故则往往造成频率下降、系统振荡甚至系统稳定破坏，系统被解列成几部分，造成大面积停电，此时要求调度人员必须采取强有力的措施使系统尽快恢复正常运行。

调度计算机还没有正式涉及事故处理方面的功能，仍是自动按频率减负荷、自动重合闸、自动解列、自动制动、自动快关汽门、自动加大直流输电负载等，由当地直接控制、不由调度进行启动的一些"常规"自动装置，在事故处理方面发挥着强有力的作用。在恢复正常运行方面，目前还主要靠人工处理，计算机只能提供一些事故后的实时信息，加快恢复正常运行的过程。由此可见，实现电力系统调度自动化的任务仍是十分艰巨的。

二、电力系统调度的分层体系

电力系统调度控制可分为集中调度控制和分层调度控制。集中调度控制就是电力系统内所有发电厂和变电站的信息都集中到一个中央调度控制中心，由中央调度控制中心统一来完成整个电力系统调度控制的任务。在电力工业发展的初期，集中调度控制曾经发挥了它的重要作用。但是随着电力系统规模的不断扩大，集中调度控制便暴露出了许多不足，如受经济运行影响、技术难度大及可靠性不高等，这种调度机制已不能够满足现代电力系统的发展需要。

为了解决集中调度控制的缺点和不足，现代大型电力系统普遍采用了分层调度控制。国际电工委员会标准提出的典型分层结构将电力系统调度中心分为主调度中心（MCC）、区域调度中心（RCC）和地区调度中心（DCC）。分层调度控制将整个电力系统的监控任务分配给不同层次的调度中心，较低级别的调度中心负责采集实时数据并控制当地设备，只有涉及全网性的信息才会向上一级调度中心传送；上级调度中心做出的决策以控制命令的形式下发给下级调度中心。与集中调度控制相比，主要有以下几方面的优点：易于保证自动化系统的可靠性；可灵活地适应系统的扩大和变更；可提高投资效率；能更好地适应现代技术水平的发展；便于协调调度控制；改善系统响应。

根据我国电力系统的实际情况和电力工业体制，电网调度指挥系统分为国家级总调度（简称国调）、大区级调度（简称网调）、省级调度（简称省调）、地区级调度（简称地调）和县级调度（简称县调）五级，形成了五级调度分工协调进行指挥控制的电力系统运行体制。

（一）国家级调度

国家级调度通过计算机数据通信网与各大区电网控制中心相连，协调、确定大区电网间的联络线潮流和运行方式，监视、统计和分析全国电网运行情况。

其主要任务包括以下方面：

（1）在线收集各大区电网和有关省网的信息，监视大区电网的重要监测点工况及全国电网运行概况，并做相关统计分析和生产报表；

（2）进行大区互连系统的潮流、稳定、短路电流及经济运行计算，通过计算机数据通信校核计算结果的正确性，并向下传达；

（3）处理有关信息，做中期、长期安全经济运行分析。

（二）大区级调度

大区级调度按统一调度分级管理的原则，负责跨省大电网的超高压线路的安全运行并按规定的发用电计划及监控原则进行管理，提高电能质量和运行水平。

其具体任务如下：

（1）实现电网的数据收集和监控、调度以及有实用效益的安全分析；

（2）进行负荷预测，制订开停机计划和水火电经济调度的日分配计划，闭环或开环地指导自动发电控制；

（3）省（区、市）间和有关大区电网的供受电量计划编制和分析；

（4）进行潮流、稳定、短路电流及离线或在线的经济运行分析计算，通过计算机数据通信校核各种分析计算的正确性并上报、下传；

（5）进行大区电网继电保护定值计算及其调整试验；

（6）大区电网中系统性事故的处理；

（7）大区电网系统性的检修计划安排；

（8）统计、报表及其他业务。

（三）省级调度

省级调度按统一调度、分级管理的原则，负责省内电网的安全运行并按照规定的发电计划及监控原则进行管理，提高电能质量和运行水平。

其具体任务如下：

（1）实现电网的数据收集和监控、经济调度以及有实用效益的安全分析；

（2）进行负荷预测，制订开、停机计划和水火电经济调度的日分配计划，闭环或开环地指导自动发电控制；

（3）地区间和有关省网的供受电量计划的编制和分析；

（4）进行潮流、稳定、短路电流及离线或在线的经济运行分析计算，通过计算机数据通信校核各种分析计算的正确性并完成上报、下传。

（四）地区级调度

其具体任务如下：

（1）实现所辖地区的安全监控；

（2）实施所辖有关站点（直接站点和集控站点）的开关远程操作、变压器分接头调节、电力电容器投切等；

（3）所辖地区的用电负荷管理及负荷控制。

（五）县级调度

县级调度主要监控 110kV 及以下农村电网的运行，其主要任务有以下几点：

（1）指挥系统的运行和倒闸操作；

（2）充分发挥本系统的发供电设备能力，保证系统的安全运行和对用户的持续供电功能；

（3）合理安排运行方式，在保证电能质量的前提下，使本系统在最佳方式下运行。

电力系统的分层（多级）调度虽然与行政隶属关系的结构相类似，但却是由电能生产过程的内部特点所决定的。一般来说，高压网络传送的功率大，影响着该系统的全局。

如果高压网络发生了事故，有关的低压网络肯定会受到很大的影响，致使正常的供电过程遇到障碍；反过来则不一样，如果故障只发生在低压网络，高压网络则受影响较小，不至于影响系统的全局。这就是分级调度较为合理的技术原因。从网络结构上看，低压网络，特别是城市供电网络，往往线路繁多、构图复杂，而高压网络线路反而少些；但是调度电力系统却总是对高压网络运行状态的分析与控制倍加注意，对其运行数据与信息的收集与处理、运行方式的分析与监视等都做得十分严谨。

随着电网的规模不断扩大，当主干系统发生事故时，无论是系统本身的状况、事故的后果还是预防事故的措施，都会变得很复杂。万一对系统事故后的处理不当，其影响的范围将是非常广泛的。鉴于这种情况，必须从保证供电可靠性的观点来讨论目前系统调度的自动化问题。

为保证供电的可靠性，对全部系统设备采用一定的冗余设计，这虽然是一种有效的方法，但是存在经济方面的问题。因此，迄今为止防止事故蔓延的主要方法仍是借助继电保护装置进行保护，以及从系统调度自动化方面采取一些措施。其基本原则是为了防止事故蔓延，不单是依靠继电保护装置，平时就应该要对事故有相应的准备措施，一旦发生事故，则可尽快实现系统工作的恢复。

第二节　调度自动化系统的功能组成

一、电力系统调度自动化系统的功能概述

从自动控制理论的角度看，电力系统属于复杂系统，又称大系统，而且是大面积分布的复杂系统。复杂系统的控制问题之一是要寻求对全系统而言的最优解，所以电力系统运行的经济性是指对全系统进行统一控制后的经济运行。此外，安全水平是电力系统调度的首要问题，对一些会使整个系统受到严重危害的局部故障，必须从调度方案的角度进行预防、处理，从而确定当时的运行方式。由此可见，电力系统是必须进行统一调度的。但是，现代电力系统的一个特点是分布辽阔，大者达千余公里，小的也有百多公里；对象多而分散，在其周围千余公里内，布满了发电厂与变电所，输电线路形成网络。要对这样复杂而辽阔的系统进行统一调度，就不能平等地对待它的每一个装置或对象，所以分层结构正是电力系统统一调度的具体实施。

测量读值与运行状态信号一般由下层往上层传送，而控制信息是由调度中心发出，控制所管辖范围内电厂、变电所内的设备。这类控制信息大都是全系统运行的安全水平与经济性所必需的。

由此可见，在电力系统调度自动化的控制系统中，调度中心计算机必须具有两个功能：一是与所属电厂及省级调度等进行测量读值、状态信息及控制信号的远距离、高可靠性的双向交换；二是本身应具有的协调功能。调度自动化的系统按其功能的不同，分为数据采集和监控（SCADA）系统、能量管理系统（EMS）。

国家调度的调度自动化系统为EMS，其中的SCADA子系统完成对广阔地区所属的厂、网进行实时数据的采集、监视和控制功能，以形成调度中心对全系统运行状态的实时监控功能；同时又向执行协调功能的子系统提供数据，形成数据库，必要时还可人工输入有关资料，以利于计算与分析，形成协调功能。协调后的控制信息，再经由SCADA系统发送至有关网、厂，形成对设备具体的协调控制。

二、SCADA/EMS系统的子系统划分

（一）支撑平台子系统

支撑平台是整个系统最重要的基础，有一个好的支撑平台，才能真正地实现全系统统一平台，数据共享。支撑平台子系统包括数据库管理、网络管理、图形管理、报表管理、系统运行管理等。

（二）SCADA子系统

SCADA子系统具体包括数据采集、数据传输及处理、计算与控制、人机界面及告警处理等。

（三）高级应用软件（PAS）子系统

高级应用软件（PAS）子系统包括网络建模、网络拓扑、状态估计、在线潮流、静态安全分析、无功优化、故障分析及短期负荷预报等一系列高级应用软件。

（四）调度员仿真培训（DTS）系统

调度员仿真培训（DTS）系统包括电网仿真、SCADA/EMS系统仿真和教员控制机三部分。调度员仿真培训（DTS）与实时SCADA/EMS系统共处于一个局域网上。DTS本身由两台工作站组成，一台充当电网仿真和教员机，另一台用来仿真SCADA/EMS和兼作学员机。

（五）AGC/EDC子系统

自动发电控制和在线经济调度（AGC/EDC）是对发电机出力的闭环自动控制系统，不仅能够保证系统频率合格，而且可以保证系统间联络线的功率符合合同规定范围，同时，还能使全系统发电成本最低。

（六）调度管理信息系统（DMIS）

调度管理信息系统属于办公自动化的一种业务管理系统，一般并不属于 SCADA/EMS 系统的范围。它与具体电力公司的生产过程、工作方式、管理模式有非常密切的联系，因此总是与某一特定的电力公司合作开发，为其服务。当然，其中的设计思路和实现手段应当是共同的。

我国的 EMS 经历了 20 世纪 70 年代基于专用计算机和专用操作系统的 SCADA 系统的第一代，80 年代基于通用计算机的第二代，90 年代基于 RISC/UNIX 的开放式分布式的第三代，第四代的主要特征是采用 JAVA、互联网、面向对象等技术并综合考虑电力市场环境中的安全运行及商业化运营要求，目前仍在迅速发展中。

三、电网调度自动化系统的设备构成

电网调度自动化系统的设备统称为硬件，这是相对于各种功能程序对软件而言的。它的核心是计算机系统，其典型的系统是电网调度自动化系统，其由三部分构成，即调度端、信道设备和厂站端。

第三节　调度自动化信息的传输

一、电力系统远动简介

远动系统是指对广阔地区的生产过程进行监视和控制的系统，它包括对必需的过程信息的采集、处理、传输和显示、执行等全部的设备与功能。构成远动系统的设备包括厂站端远动装置、调度端远动装置和远动信道。

按习惯称为调度中心和厂站，在远动术语中称为主站和子站。主站也称控制站，它是对子站实现远程监控的站；子站也称受控站，它是受主站监视的或受主站监视且控制的站。安装在主站和子站的远动装置分别被称为前置机和远动终端装置（RTU）。

前置机是缓冲和处理输入或输出数据的处理机。它接收 RTU 送来的实时远动信息，经译码后还原出被测量的实际大小值和被监视对象的实际状态，显示在调度室的显示器上和调度模拟屏上，也可以按要求打印输出。这些信息还要向主计算机进行传送。另外，调度员通过键盘或鼠标操作，可以向前置机输入遥控命令和遥调命令，前置机按规约组装出遥控信息字和遥调信息字向 RTU 传送。

RTU 对各种电量变送器送来的 0 ~ 5V 直流电压分时完成 A/D 转换，得到与被测量对应的二进制数值，并由脉冲采集电路对脉冲输入进行计数，得到与脉冲量对应的计数值，还把状态量的输入状态转换成逻辑电平“0”或“1”。再将上述各种数字信息按规约编码成遥测信息字和遥信信息字，向前置机传送。RTU 还可以接收前置机送来的遥控信息字和遥调信息字，经译码后还原出遥控对象号和控制状态、遥调对象号和设定值，经返送校核正确后（对遥控）完成输出执行。

前置机和 RTU 在接收对方信息时，必须保证与对方同步工作，因此收发信息双方都有同步措施。

远动系统中的前置机和 RTU 是 1 对 N 的配置方式，即主站的一套前置机要监视和控制 N 个子站的 N 台 RTU，因此前置机必须有通信控制功能。为了减少前置机的软件开销、简化数据处理程序，RTU 应统一按照远动规约设计。同时为了保证远动系统工作的可靠性，前置机应为双机配置。

远动系统是调度自动化系统的重要组成部分，它是实现调度自动化的基础。

二、远动信息的内容和传输模式

远动信息包括遥测信息、遥信信息、遥控信息和遥调信息。

遥测信息和遥信信息从发电厂、变电所向调度中心传送，也可以从下级调度中心向上级调度中心转发，通常称它们为上行信息。遥控信息和遥调信息从调度中心向发电厂、变电所传送，也可以从上级调度中心通过下级调度中心传送，称它们为下行信息。

遥测信息传送发电厂、变电所的各种运行参数，它分为电量和非电量两类。电量包括母线电压、系统频率、流过电力设备（发电机、变压器）及输电线的有功功率、无功功率和电流。非电量包括发电机机内温度以及水电厂的水库水位等。这些量都是随时间做连续变化的模拟量。对电流、电压和功率量用互感器和变送器把要测量的交流强电信号变成 0 ~ 5V 或 0 ~ 10mA 的直流信号后送入远动装置；也可以把实测的交流信号变换成幅值较小的交流信号后，由远动装置直接对其进行交流采样。电能量的测量采用脉冲输入方式，由计数器对脉冲计数实现测量操作，或把脉冲作为特殊的遥信信息用软件计数实现测量；对于非电量，只能借助其他传感设备（如温度传感器、水位传感器），将它转换成规定范围内的直流信号或数字量后送入远动装置，后者称为外接数字量。

遥控信息包括发电厂、变电所中断路器和隔离开关的合闸与分闸状态，主要设备的保护继电器动作状态，自动装置的动作状态，以及一些运行状态信号，如厂站设备事故总信号、发电机组开或停的状态信号、远动及通信设备的运行状态信号等。遥信信息所涉及的对象只有两种状态，因此用一位二进制的“0”或“1”便可以表示出一个遥信对象的两种不同状态。遥信信息通常由运行设备的辅助接点提供。

遥控信息传送改变运行设备状态的命令，如发电机组的启停命令、断路器的分合命令、并联电容器和电抗器的投切命令等。电力系统对遥控信息的可靠性要求很高，为了提高控制的正确性,防止错误动作,在遥控命令下达后,必须进行返送校核操作。当返送命令校核无误之后,才能发出执行命令。

遥调信息传送改变运行设备参数的命令,如改变发电机有功出力和励磁电流的设定值、改变变压器分接头的位置等。这些信息通常由调度员人工操作发出命令,也可以自动启动发出命令,即所谓的闭环控制。为了保持系统频率在规定范围内,并维持联络线上的电能交换,调节发电机出力的自动发电控制(AGC)功能,就是闭环控制的具体例子。在下行信息中,还可以传送系统对时钟功能中的设置时钟命令、召唤时钟命令、设置时钟校正值命令,以及对厂站端远动装置的复归命令、广播命令等。

远动信息的传输可以采用循环传输模式或问答传输模式。

在循环数字传输模式(Cyclic Data Transmission, CDT)中,厂站端将要发送的远动信息按规约的规定组成各种帧,再编排帧的顺序,一帧一帧地循环向调度端传送。信息的传送是周期性的、周而复始的,发端不顾及收端的需要,也不要求收端给予回答。这种传输模式对信道质量的要求较低,因而任何一个被干扰的信息渴望在下一循环中得到它的正确值。

问答传输模式也称 polling 方式。在这种传输模式中,若调度端要得到厂站端的监视信息,必须由调度端主动向厂站端发送查询命令报文。查询命令是要求一个或多个厂站传输信息的命令。查询命令不同,报文中的类型标志取不同值,报文的字节数一般也不一样。厂站端按调度端的查询要求发送回答报文。用这种方式,可以做到调度端询问什么,厂站端就回答什么,即按需传送。由于它是有问才有答,所以要保证调度端发问后能收到正确的回答,对信道质量的要求较高,且必须保证有上下行信道。

三、远程通信系统

(一)数字通信系统模型

电力系统运动通信系统采用数字通信系统,数字通信系统模型包含以下几部分:信息源、信源编码、信道编码、调制、信道、解调、信道译码、信源译码、受信者。

信息源即电网中的各种信息源,如电压 U、电流 I、有功功率 P、频率 f 等,经过有关器件处理后转换成易于计算机接口元件处理的电平或其他量。另外还有各种指令、开关信号等也属于信源。

信源编码是把各种信源转换成易于数字传输的数字信号,如 A/D 转换器的输出等。然后对这些数字信号以及信息源输出 s 中原有的信号进行编码,得到一串离散的数字信息。

信道编码的作用是为了保护所传送的信息内容,按照一定的规则,在信息序列 m 中添加一些冗余码元，将信息序列变成较原来更长的二进制序列 c，提高了信息序列的抗干扰能力，同时也提高了数字信号的传输的可靠性。

调制的作用是将数字序列表示的码字 c，变换成适合在信道中传输的信号形式，送入信道。信道编码器输出的信号都是二进制的脉冲序列，即基带数字信号。这种信号传输距离较近，在长距离传输时往往因电平干扰和衰减而发生失真。为了增加传输距离，将基带信号进行调制传送，这样即可减弱干扰信号。

信道是信号远距离传输的载体，如专用电缆、架空线、光纤电缆、微波空间等。

解调是调制的逆过程，其作用是把从信道接收到的信号还原成数字序列。解调后的输出称为接收码字，记作 R。

信道译码是编码的逆过程，除去保护码元，获得并估计与发送侧的二进制数字序列 c 对应的接收码字 c*。再从 c* 中还原并估计出与信息序列 m 对应的 m*。

信源译码器是变接收信息序列 m* 为信源输出 s 的对应估值 s*，并送给受信者予以显示或打印等。

受信者也叫信宿，是信息的接收地或接收人员能观察的设备，如电网调度自动化系统中的模拟屏、显示器等，均为信宿。

（二）远动信息的编码

远动信息在传输前，必须按有关规约的规定，把远动信息变换成各种信息字或各种报文。这种变换工作通常称作远动信息的编码，编码工作由远动装置完成。

采用循环传输模式时，远动信息的编码要遵守循环传输规约的规定。按规约规定，由远动信息产生的任何信息字都由 48 位二进制数构成，即所有的信息字位数相同。其中前 8 位是功能码，它有 28 种不同的取值，用来区分代表不同信息内容的各种信息字，可以把它看作信息字的代号。最后 8 位是校验码，采用循环冗余检验（Cyclic Redundancy Check，CRC）校验。

校验码的生成规则是：在信息字的前 40 位（功能码和信息码）后面添加 8 个零，再除以生成多项式 $g(x)=x^8+x^2+x+1$，将所得余式取非之后，作为 8 位校验码。校验码是信息字中用于检错和纠错的部分，它的作用是提高信息字在传输过程中抗干扰的能力。信息字用来表示信息内容，它可以是遥测信息中模拟量对应的 A/D 转换值、电能量的脉冲计数值、系统频率值对应的 BCD 码等，也可以是遥信对象的状态，还可以是遥控信息中控制对象的合、分状态及开关序号或者是遥调信息的调整对象号及设定值，信息内容究竟属于哪一种值，可根据功能码的取值范围进行区分。

问答式传输规约中报文的报文头通常有 3 ~ 4 个字节，它指出进行问答的双方中 RTU 的地址（报文中识别其来源或目的地的部分），报文所属的类型，报文中数据区的字节数。数据区表示报文要传送的信息内容，它的字节数和字节中各位的含义随报文类型的不同而不同，且数据区的字节数是多少，都是由报文头中有关字节指出。校验码按照规约给定的某种编码规则，用报文头的数据区的字节运算得到。它可以是一个字节的奇偶校验码，也可以是一个或两个字节的 CRC 校验码。问答式传输规约的报文格式与循环式传输规约的信息字格式比较，最明显的差别是，问答式传输规约中，不同类型的报文，报文的总字节数不同，即报文的长度不同，且报文长度的变化总是按字节增减的，即 8 位及其倍数的增加或减少。

（三）数字信号的调制与解调

数字信号在电路上的表达为一系列高低电平脉冲序列（方波），称为“基带数字信号”。这种波形所包含的谐波成分很多，占用的频带很宽。电话线等传输线路是为传送语言等模拟信号而设计的，频带较窄，直接在这种线路上传输基带数字信号，距离很短尚可，距离长了波形就会发生很大畸变，使接收端不能正确进行判读，造成通信失败。

为此，引入了调制解调器这样一种设备。先把基带数字信号用调制器转换成携带其信息的模拟信号（某种正弦波），在长途传输线上传输的是这种模拟信号。到了接收端，再用解调器将其携带的数字信息解调出来，恢复成原来的基带数字信号。

正弦波是最适宜在模拟线路上长途传输的波形，通常采用高频正弦波作为载波信号。这时载波信号可以表示为

$$u(t)=U_m\cos(\omega t+\varphi) \tag{3-2}$$

作为正弦波特征值的是振幅、频率和初相位。相应地，调制方法也有三种：

1. 数字调幅

数字调幅又称幅移键控（Amplitude Shift Keying，ASK），它是用正弦波不同的振幅来代表“1”和“0”两个码元。例如可以用振幅为零来代表“0”，用有一定振幅来代表“1”。数字调幅最简单，但抗干扰性能不太好。

$$u(t)=\begin{cases}0 & \text{数字信号0}\\ u_m\cos\omega t & \text{数字信号1}\end{cases} \tag{3-3}$$

2. 数字调频

数字调频又称频移键控（Frequency Shift Keying，FSK），它是用不同频率来代表“1”和“0”，而其振幅和相位相同。例如用较低频率表示“1”，用较高频率表示“0”。数字调频在电网调度自动化系统中应用较广，抗干扰性能较好。

$$u(t)=\begin{cases}U_m\cos 2\pi f_1 t=U_m\cos\omega_1 t\text{数字信号}\\ U_m\cos 2\pi f_2 t=U_m\cos\omega_2 t\text{数字信号}\end{cases} \tag{3-4}$$

3. 数字调相

数字调相又称相移键控（Phase Shift Keying，PSK），又分为二元绝对调相和二元相对调相两种方式。

数字调相抗干扰性能最好，但软、硬件均比较复杂。

（四）常用远动信道

我国常用的远动信道有专用有线信道、复用电力线载波信道、微波信道、光纤信道、无线电信道等。信道质量的好坏直接影响着信号传输的可靠性。

采用专用有线信道时，由远动装置产生的远动信号，以直流电的幅值、极性或交流电的频率在架空明线或专用电缆中传送。这种信道常用作近距离传输。

电力线载波信道是电力系统中应用较广泛的信道形式。当远动信号与载波电话复用电力线载波信道时，通常规定载波电话占用 0.3 ~ 2.3kHz 或 0.3 ~ 2.0kHz 音频段，远动信号占用 2.7 ~ 3.4kHz 或 2.4 ~ 3.4kHz 的上音频段。由远动装置产生的用二进制数字序列表示的远动信号，经调制器转换成上音频段内的数字调制信号后，进入电力载波机完成频率搬移，再经电力线传输。收端载波机将接收到的信号复原为上音频信号，再由解调器还原出用二进制数字序列表示的远动信号。由于电力线载波信道直接利用电力线做信道，覆盖各个电厂和变电所等电业部门，不用另外增加线路投资，且结构坚固，所以得到广泛应用。

微波信道是用频率为 300MHz ~ 300GHz 的无线电波传输信号。由于微波是直线传播，传输距离一般为 30 ~ 50km，所以在远距离传输时，要设立中继站。微波信道的优点是频带宽，传输稳定，方向性强，保密性好。它在电力系统中的应用中呈上升趋势。

光导纤维传输信号的工作频率高，光纤信道具有信道容量大、衰减小、不受外界电磁场干扰、误码率低等优点，它是性能比较好的一种信道。

无线电信道由发射机、发射天线、自由空间、接收天线和接收机组成。在无线电信道中，信号以电磁波在自由空间中传输。因为它利用自由空间传输，不需要架设通信线路，因而可以节约大量金属材料并减少维护人员的工作量。这种信道在地方电力系统中应用较多。

除上述几种信道外，卫星通信也在电力系统中得到应用。

第四节　电力系统状态估计

一、电力系统状态估计的必要性

电力系统的状态由电力系统的运行结构和运行参数来表征。电力系统的运行结构是指在某一时间断面电力系统的运行接线方式。电力系统的运行结构有一个特点,即它几乎完全是由人工按计划决定的。但是,当电力系统的运行结构发生了非计划改变(如因故障跳开断路器)时,如果运动的遥信没有得到正确反映,就会出现调度计算中电力系统运行接线与实际情况不相符的问题。

电力系统的运行参数包括各节点电压的幅值、注入节点的有功和无功功率、线路的有功和无功功率等,可以由远动系统送到调度中心来。这些参数随着电力系统负荷的变化而不断地变化,称为实时数据。SCADA 系统收集了全网的实时数据,汇成 SCADA 数据库。SCADA 数据库存在以下明显缺点:

(一)数据不齐全

为了使收集的数据齐全,必须在电力系统的所有厂、所有设置 RTU,并采集电力系统中所有节点和支路的运行参数。这将使 RTU 的数量以及远动通道和变送器的数量大大增加,而这些设备的投资是相当昂贵的。目前的实际情况是,仅在一部分重要的厂、所中设置 RTU。这样,就有一些节点和支路的运行参数不能被测量到而造成最后数据收集不全。

(二)数据不精确

数据采集和传送的每个环节如 TA、TV、A/D 转换等都会产生误差。这些误差有时使相关的数据变得相互矛盾,且其差值之大甚至使人不便取舍。同时,干扰总是存在的,尽管已采取了滤波和抗干扰编码等措施,减少了出错的次数,但个别错误数据的出现仍不能被避免。

(三)数据不和谐

数据相互之间可能不符合建立数学模型所依据的基尔霍夫定律。原因有二:一是前述各项误差所致,二是各项数据并非是同一时刻采样得到的。这种数据的不和谐影响了各种高级应用软件的计算分析。

由于实时数据有上述缺点,因而必须找到一种方法能够把不齐全的数据填平补齐、不精确的数据“去粗取精”,同时找出错误的数据“去伪存真”,使整个数据系统逻辑缜密,质量和可靠性得到提高。这种方法就是状态估计,电力系统状态估计的内容应该包括如何将错误的信息检测出来并予以纠正。

综上所述,电力系统状态估计是电力系统高级应用软件的一个模块(程序)。其输入的是低精度、不完整、不和谐,偶尔还有不良数据的“生数据”,而输出的则是精度高、完整、和谐和可靠的数据。由这样的数据组成的数据库,称之为“可靠数据库”。电网调度自动化系统的许多高级应用软件,都以可靠数据库的数据为基础,因此,电力系统状态估计有时被誉为应用软件的“心脏”,可见这一功能的重要程度。

二、状态估计的基本原理

(一)测量的冗余度

状态估计算法必须建立在实时测量系统有较大冗余度的基础之上。

对那些不随时间变化的量,为消除测量数据的误差,常用的方法就是进行多次重复测量。测量的次数越多,它们的平均值就越接近真值。

但在电力系统中不能采用上述方法,因为电力系统运行参数属于时变参数,消除或减少时变参数测量误差必须利用一次采样得到的一组有多余的测量值。这里的关键是“多余”,多余的越多,估计就越准,但是会造成在测点及通道上投资越多,所以要适可而止。一般要求如下:

测量系统的冗余度 = 系统独立测量数 / 系统状态变量数 =(1.5 ~ 3.0)　(3-5)

电力系统的状态变量是指表征电力系统特征所需最小数目的变量,一般取各节点的电压幅值及其相位角为状态变量。若有 N 个节点,则有 2N 个状态变量。由于可以设某一节点电压相位角为零,所以对一个电力系统,其未知的状态变量数为 2N−1。

(二)状态估计的数学模型

状态估计的数学模型是基于反映网络结构、线路参数、状态变量和实时测量值之间相互关系的方程。测量值包括线路功率、线路电流、节点功率、节点电流和节点电压等,状态量包括节点电压幅值和相角。

状态估计的数学模型如下:

$$z = h\hat{x} + v \tag{3-6}$$

式中,z 为测量值列向量,维数为 m;$\hat{x}$ 为状态向量,若节点数为 k,则 $\hat{x}$ 的维数为 $2k$,即每个节点有电压幅值和相角;h 为所用仪表的量程比例为常数,其数目与测量值向量一致,m 维;v 为测量误差,m 维。

求解状态向量 $\hat{x}$ 时,大多使用极大似然估计,即求解的状态向量 $\hat{x}$ 使测量向量 z 被观测到的可能性最大。一般使用加权最小二乘法准则来求解,并假设测量向量服从正态

分布。测量向量 z 给定以后，状态估计向量 $\hat{x}$ 是使测量值加权残差平方和达到最小的 x 值，即

$$J(\hat{x}) = \min\sum_{i=1}^{k} W(z-\hat{z})^2 = \min\sum_{i=1}^{k} W(z-h_i x)^2 \tag{3-7}$$

式中，W 为 $m\times m$ 维正定对称阵，其对角元素为测量值的加权因子。

（三）状态估计的加权最小二乘法

状态估计可选用的数学算法有最小二乘法、快速分解法、正交化法和混合法等。目前在电力系统中用得较多的是加权最小二乘法。

当目标函数 J 有最小值时，对式（3-7）的目标函数求导并令其等于 0，可得

$$\frac{\partial J(\hat{x})}{\partial x} = \frac{\partial}{\partial x}(z-H\hat{x})^T W(z-Hx) = 2H^T W(z-Hx) = 0 \tag{3-8}$$

$$H^T W H\hat{x} = H^T W z \tag{3-9}$$

式（3-9）称为正则方程。当 $H^T WH$ 为非奇异（满秩）时，有

$$\hat{x}_{WLS} = (H^T WH)^{-1} H^T W z \tag{3-10}$$

这时的 $\hat{x}_{WLS}$ 简称加权最小二乘估计值，对应求得的状态变量值即为最佳估计值。若取 $W=I$，则 $\hat{x}_{WLS}=x_{LS}$，所以最小二乘法是加权最小二乘法中的一种特例。

如果再考虑到各测量设备精度的不同，可令目标函数中对应测量精度较高的测量值乘以较高的“权值”，以使其对估计的结果发挥较大的影响；相反，对应测量精度较低的测量值，则乘以较低的“权值”，使其对估计的结果影响小一些。

状态变量一般取名母线电压幅值和相位角，测量值选取母线注入功率、支路功率和母线电压数值。测量不足之处可使用预报和计划型的“伪测量”，同时将其权重设置得较小以降低对状态估计结果的影响。另外，无源母线上的零注入测量和零阻抗支路上的零电压测量，也可以为伪测量值。这样的测量值完全可靠，故可取较大的权重。

三、状态估计的步骤

状态估计可分为以下四个步骤：

（一）确定先验数学模型

在假定没有结构误差、参数误差和不良数据的条件下，根据已有经验和定理求证，如基尔霍夫定律等，建立各测量值与状态量间的数学方程。

（二）状态估计计算

根据所选定的数学方法，计算出使“残差”最小的状态变量估计值。所谓残差，就是各量测值与计算的相应估计值之差。

（三）校验

检查是否有不良测量值混入或有结构错误信息。如果没有，此次状态估计即宣告完成；如果有，则进行下一步。

（四）辨识

这是确定具体的不良数据或网络结构错误信息的过程。在除去或修正已识别出来的不良数据和结构错误后，重新进行第二次状态估计计算，这样反复迭代估计，直至没有不良数据或结构错误为止。

测量值在输入前还要经过前置滤波和极限值检验。这是因为有一些很大的测量误差，只要采用一些简单的方法和很少的加工就可以排除。例如，对输入的节点功率可进行极限值检验和功率平衡检验，这样就可以提高状态估计的速度和精度。

不良数据的检测与识别是很重要的，否则状态估计将无法投入在线实际应用。当有不良数据出现时，必然会使目标函数 J 大大偏离正常值，这种现象可以用来当做发现不良数据的依据。为此可把状态估计值代入目标函数中，求出目标函数的值，如果大于某一门槛值，即可认为存在不良数据。

发现存在不良数据后要寻找不良数据。对于单个不良数据的情况，一个最简单的方法就是逐个试探。例如，把第一个测量值去掉，重新估计，若正好这个测量值是不良数据，去掉后再检查 J 值时就会变为合格；若是正常数据，去掉后的 J 值肯定还是不合格，这时就把第一个测量值补回，再去掉第二个测量值。如此逐个搜索，一定会找到不良数据，但比较耗时。至于存在多个相关不良数据的辨识就要复杂多了，目前还没有特别有效的坏数据辨识办法。

若遥信出错需要如何识别呢？可先把遥信出错分为 A、B 两类：

A 类错误：开关在合闸位置，而遥信误为断开。

B 类错误：开关在断开位置，而遥信误为合闸。

这时只要将开关量和相应线路的测量值做一对比，就可以找到可疑点。因为线路被断开时，其测量值必为零；若线路并没断开，一般情况下测量值不会为零。

可见，若进行网络结构检测，每条支路至少有一个潮流量测验，才能较快地发现可疑点。发现可疑点后，仍然要采用逐个试探法：将第一个可疑开关位置“取反”，重新进行估计，若错误已被纠正，目标函数 J 就会正常；否则，试探下一个可疑开关，直到找到为止。

第五节　电力系统安全分析与安全控制

一、电力系统的运行状态与安全控制

电力系统的安全控制与电力系统的运行状态是相关的。电力系统的运行状态可以用一组包含电力系统状态变量（如各节点的电压幅值和相位角）、运行参数（如各节点的注入有功功率）和结构参数（网络连接和元件参数）的微分方程组描述。方程组要满足有功功率和无功功率必须平衡的等式约束条件，以及系统正常运行时某些参数（母线电压、发电机出力等）必须在安全允许的限值以内。电力系统的运行状态一般可划分为四种：第一，正常运行状态；第二，警戒状态；第三，紧急状态；第四，恢复状态。

电力系统在运行中始终把安全作为最重要的目标，就是要避免发生事故，保证电力系统能以质量合格的电能充分地对用户实现连续供电。在电力系统中，干扰和事故是不可避免的，不存在一个绝对安全的电力系统。重要的是要尽量减少发生事故的概率，在出现事故以后，依靠电力系统本身的能力、继电保护和自动装置的作用和运行人员的正确控制操作，使事故能够得到及时处理，尽量减少事故的范围及所带来的损失和影响。人们通常把电力系统本身的抗干扰能力、继电保护、自动装置的作用和调度运行人员的正确控制操作称为电力系统安全运行的四道防线。

因此，电力系统安全性主要包括两个方面的内容：

第一，电力系统突然发生扰动时不间断地向用户提供电力和电量的能力。

第二，电力系统的整体性，即电力系统维持联合运行的能力。

电力系统安全控制的主要任务如下：对各种设备运行状态的连续监视；对能够导致事故发生的参数越限等异常情况及时报警并进行相应调整控制；发生事故时进行快速检测和有效隔离，以及事故时的紧急状态控制和事故后恢复控制等。其可以分为以下几个层次：

（一）安全监视

安全监视是对电力系统的实时运行参数（频率、电压和功率潮流等）及断路器、隔离开关等的状态进行监视。当出现参数越限和开关变位时进行报警，由运行人员对其进行适当的调整和操作。安全监视是 SCADA 系统的主要功能。

（二）安全分析

安全分析包括静态安全分析和动态安全分析。静态安全分析只考虑假想事故后稳定运行状态的安全性，不考虑当前的运行状态向事故后稳态运行状态的动态转移。动态安全分析则是对事故动态过程的分析，着眼于系统在假想事故中有无失去稳定的危险。

（三）安全控制

安全控制是为保证电力系统安全运行所进行的调节、校正和控制。

二、静态安全分析

一个正常运行的电网常常存在许多的危险因素。要使调度运行人员预先清楚地了解到这些危险并非易事，目前可以应用的有效工具就是在线静态安全分析程序。通过静态安全分析，可以发现当前是否处于警戒状态。

（一）预想故障分析

预想故障分析是对一组可能发生的假想故障进行在线的计算分析，校核这些故障后电力系统稳定运行方式的安全性，判断各种故障对电力系统安全运行的危害程度。

预想故障分析可分为三部分：故障定义、故障筛选和故障分析。

1. 故障定义

通过故障定义可以建立预想故障的集合。一个运行中的电力系统，假想其中任意一个主要元件损坏或任意一台开关跳闸都是一次故障。预想故障集合主要包括以下各种断开故障：①单一线路开断；②两条以上线路同时开断；③变电所回路开断；④发电机回路开断；⑤负荷出线开断；⑥上述各种情况的组合。

2. 故障筛选

预想故障数量可能比较多，应当把这些故障按其对电网的危害程度进行筛选和排队，然后再由计算机按此队列逐个进行快速仿真潮流计算。

首先需要选定一个系统性能指标（如全网各支路运行值与其额定值之比的加权平方和）作为衡量故障严重程度的尺度。当在某种预想故障条件下系统性能指标超过了预先设定的门槛值时，该故障应保留，否则舍弃。计算出来的系统指标数值可作为排队依据。这样处理后就得到了一张以最严重的故障开头的为数不多的预想故障顺序表。

3. 故障分析（快速潮流计算）

故障分析是对预想故障集合中的故障进行快速仿真潮流计算，以确定故障后的系统潮流分布及其危害程度。仿真计算时依据的网络模型，除了假定的开断元件外，其他部分则与当前运行系统完全相同。各节点的注入功率采用经过状态估计处理的当前值，也可用由负荷预测程序提供的 15 ~ 30min 后的预测值。每次计算的结果用预先确定的安全约束条件进行校核，如果某一故障使约束条件不能满足，则向运行人员发出预警（宣布进入警戒状态）并显示出分析结果，也可以提供一些可行的校正措施，如重新分配各发电机组出力、对负荷进行适当控制等，供调度人员选择实施，消除安全隐患。

（二）快速潮流计算方法

仿真计算所采用的算法有直流潮流法、P-Q 分解法和等值网络法等。相关算法请查阅电力系统分析等课程的相关内容。

安全分析的重点是系统中较为薄弱的负荷中心。远离负荷中心的局部网络在安全分析中所起的作用较小，因此在安全分析中可以把系统分为两部分：待研究系统和外部系统。待研究系统就是指感兴趣的区域，也就是要求详细计算模拟的电网部分。外部系统则指不需要详细计算的部分。安全分析时要保留“待研究系统”的网络结构，而将“外部系统”化简为少量的节点和支路。实践经验表明，外部系统的节点数和线路数远多于待研究系统，所以等值网络法可以大大降低安全分析中导纳矩阵的阶数和状态变量的维数，使计算过程大为简化。

（三）动态安全分析

稳定性事故是涉及电力系统全局的重大事故。正常运行中的电力系统是否会因为一个突然发生的事故而失去稳定，这个问题是十分重要的。校核假想事故后电力系统是否能保持稳定运行的离线稳定计算，一般采用数值积分法，逐时段求解描述电力系统运行状态的微分方程组，得到动态过程中各状态变量随时间变化的规律，并以此来判别电力系统的稳定性。这种方法的计算工作量很大，无法满足实施预防性控制的实时性要求。因此要寻找一种快速的稳定性判别方法。到目前为止，还没有很成熟的算法。下面简单介绍一下已取得一定研究成果的模式识别法及扩展等面积法。

1. 模式识别法

模式识别法是建立在对电力系统各种运行方式的假想事故离线模拟计算的基础上的，需要事先对各种不同运行方式和故障种类进行稳定计算。然后选取少数几个表征电力系统运行的状态变量，一般是节点电压和相角，来构成稳定判别式。稳定分析时，将在线实测的运行参数代入稳定判别式，根据判别式的结果来判断系统是否稳定。

识别法是一个快速的判别电力系统安全性的方法，只要将特征量代入判别式就可以得出结果。所以这个判别式本身必须可靠。误差率很大的判别式并没有实用价值。判别式的建立，不是靠理论推导，而是通过大量“样本”统计分析、计算后归纳整理出来的。

2. 扩展等面积法

扩展等面积法（Extended Equd-Area Criteron，EEAC）是一种暂态稳定快速定量计算方法，已开发出商品软件，并已应用于国内外电力系统的多项工程实践中。

该方法分为静态 EEAC、动态 EEAC 和集成 EEAC 三个部分（步骤），构成一个有机集成体。利用 EEAC 理论，发现了许多与常规控制理念不相符的“负控制效应”现象。例如，切除失稳的部分机组、动态制动、单相开断、自动重合闸、快关汽门、切负荷等经典控制手段，在一定条件下，会使系统更加不稳定。

静态 EEAC 采用“在线预算，实时匹配”的控制策略。整个系统分为在线预决策子系统和实时匹配控制子系统两大部分。前者根据电网当前的运行工况，定期刷新后者的决策表，后者根据该表实施控制。实时匹配控制子系统安装在电力系统中有关的发电厂和变电所，监测系统的运行状态，判断本厂和主变压器、母线的故障状态。它在系统发生故障时，根据判断出的故障类型，迅速从存放在装置内的决策表中查找控制措施，并通过执行装置进行切机、快关、切负荷等稳定控制。在线预决策子系统根据电力系统当前运行工况，搜索最优稳定控制策略。这类方案的精髓是一个快速、强壮的在线定量分析方法和相应的灵敏度分析方法。对这些方法的速度要求，比对离线分析方案的要求高得多，但比对实时计算的要求低很多，这些完全在 EEAC 的技术能力之内。

三、正常运行状态（包括警戒状态）的安全控制

为了保证电力系统正常运行的安全性，首先在编制运行方式时就要进行安全校核；其次，在实际运行中，要对电力系统进行不间断的严密监视，对电力系统的运行参数（如频率、电压和线路潮流等）不断地进行调整，始终保持尽可能的最佳状态；再次，还要对可能发生的假想事故进行后果模拟分析；最后当确认当前属警戒状态时，可对运行中的电力系统进行预防性的安全校正。

编制运行方式是各级调度中心的一项重要工作内容。运行方式编制得是否合理直接影响到系统运行的经济性和安全性。运行方式的编制是根据预测的负荷曲线做出的。对运行方式进行安全校核，就是用计算机根据负荷、气象、检修等运行条件的变化，并假定一系列事故条件，对未来某时刻的运行方式进行安全校核计算。

正常运行时，对电力系统进行监控由调度自动化系统的 SCADA 系统完成。SCADA 系统监控不断变化着的电力系统运行状态，如发电机出力、母线电压、线路潮流、系统频率和系统间交换功率等，当参数越限时发出警报，使调度人员能迅速判明情况，及时采取必要的调控措施来消除越限现象。此外，自动发电控制（AGC）和自动电压控制（AVC）也是正常运行时安全监控的重要方面。

对可能发生的假想事故进行分析由电网调度自动化系统中的安全分析模块完成。电网调度自动化系统可以定时（例如 5min）或按调度人员随时要求启动该模块，也可以在电网结构有变化（运行方式改变）或某些参数越限时自动启动安全分析程序，并将分析结果显示出来。根据安全分析的结果，若某种假想事故后果严重，即说明系统已进入警戒状态，可以预先采取某些防范措施对当前的运行状态进行某些调整，使在该假想事故之下也不产生严重后果。这就是进行预防性安全控制。

预防性安全控制是针对可能发生的假想事故，其会导致不安全状态所采取的调整控制措施。这种事故是否发生是不确定的。如果预防性控制需要较大地改变现有运行方

式，对系统运行的经济性很不利，如改变机组的启停方式等，则需由调度人员根据具体情况做出决断；也可以不采取任何行动，但需要加强监视，做好各种应对预案。

综上所述，有了 SCADA/EMS 系统的各种监控和分析功能，电力系统运行的安全性大大提高了。

四、紧急状态时的安全控制

紧急状态时的安全控制的目的是迅速抑制事故及电力系统异常状态的发展和扩大，尽量缩小故障延续时间及其对电力系统其他非故障部分的影响。在紧急状态中的电力系统可能出现各种“险情”，如频率大幅度下降、电压大幅度下降、线路和变压器严重超负荷、系统发生振荡和失去稳定等。如果不能迅速采取有效措施消除这些险情，系统将会面临崩溃瓦解，出现大面积停电的严重后果，造成巨大的经济损失。紧急状态的安全控制可分为三大阶段：第一阶段的控制目标是事故发生后快速而有选择地切除故障，这主要由继电保护装置和自动装置完成，目前最快可在一个周波内切除故障。第二阶段的控制目标是防止事故扩大和保持系统稳定，这需要采取各种提高系统稳定性的措施。第三阶段是在上述努力均无效的情况下，将电力系统在适当地点解列。

继电保护与自动装置是电力系统紧急状态控制的重要组成部分，电力系统的紧急状态控制是全局控制问题，不仅需要系统调度人员正确调度、指挥，以及电厂、变电站运行人员认真监视和操作，而且需要自动装置的正确动作来配合。

五、恢复状态时的安全控制

电力系统是一个十分复杂的系统，每次重大事故之后的崩溃状态都不同，因此恢复状态的控制操作必须根据事故造成的具体后果来进行。一般来说，恢复状态控制应包括以下几个方面：

（一）确定系统的实时状态

通过远动和通信系统了解系统解列后的状态，了解各个已解列成小系统的频率和各母线电压，了解设备完好情况和投入或断开状态、负荷切除情况等，确定系统的实时状态。这是系统恢复控制的依据。

（二）维持现有系统的正常运行

电力系统崩溃后，要加强其余监控，尽量维持仍旧运转的发电机组及输、变电设备的正常运行，调整有功出力、无功出力和负荷功率，使系统频率和电压恢复正常，消除各元件的超负荷状态，维持现有系统正常运行，尽可能保证向未被断开的用户供电。

（三）恢复因事故被断开的设备的运行

首先要恢复对发电厂辅助机械和调节设备的供电，恢复变电站的辅助电源。然后启动发电机组并将其并入电力系统，增加其出力；投入主干线路和有关变电设备；根据被断开负荷的重要程度和系统的实际可能，逐个恢复停电用户的供电。

（四）重新并列被解列的系统

在被解列成的小系统恢复正常（频率和电压已达到正常值，已消除各元件的过负荷）后，将它们逐个再重新并列，使系统恢复正常运行，逐步恢复对全系统实行供电。

在恢复过程中，应尽量避免出力和负荷间的动态不平衡和线路过负荷现象的发生，应充分利用自动监视功能，监视恢复过程中各重要母线电压、线路潮流、系统频率等运行参数，以确保每一恢复步骤的正确性。

第六节　调度自动化系统的性能指标

调度自动化系统必须保证其可靠性、实时性和准确性，才能保证调度中心及时了解电力系统的运行状态并做出正确的控制决策。

一、可靠性

调度自动化系统的可靠性由运动系统的可靠性和计算机系统的可靠性来保证。它包括设备的可靠性和数据传输的可靠性。

系统或设备的可靠性是指系统或设备在一定时间内和一定的条件下完成所要求功能的能力。通常以平均无故障工作时间（Mean Time Between Failure，MTBF）来衡量。平均无故障工作时间指系统或设备在规定寿命期限内，在规定条件下，相邻失效之间的持续时间的平均值，也就是平均故障间隔时间。其表示为

$$MTBE=\frac{t}{N_f\left(t\right)} \tag{3-11}$$

式中，t 为系统的总运行时间；$N_f(t)$ 为系统在工作时间内的故障次数。

可用性（availability）也可以说明此系统或设备的可靠程度。可用性是在任何给定时刻，一个系统或设备可以完成所要求功能的能力。通常用可用率表示为

$$\text{可用率}=\frac{\text{工作时间}}{\text{工作时间}+\text{停工时间}}\times 100\% \tag{3-12}$$

式中，停工时间是故障及维修总共的停运时间。

对调度自动化系统的各个组成部分进行运行统计时，还可以用远动装置、计算机设备月运行率、远动系统、计算机系统月运行率、调度自动化系统月平均运行率等技术指标。各项技术指标的计算公式如下：

$$月运动率=\frac{全月总小时数-月停用小时数}{全月总小时数}\times 100\% \tag{3-13}$$

式中，月停用小时数包括装置、设备或系统的故障停用时间及各类检修时间。装置、设备或系统的故障停用时间由发现故障或接到调度端通知时开始计算。调度自动化系统的月停用小时数 = 计算机系统停用小时数 + 各远程终端系统停用小时数综合 / 远程终端系统总数，每个远程终端系统停用时间包括装置故障、各类检修、通道故障及电源或其他原因导致该远程终端系统失效的时间。

数据传输的可靠性通常用比特差错率来衡量。比特差错率亦称误码率，它可以表示为

$$P_e=\frac{N_e}{N} \tag{3-14}$$

式中，N_e 为接收端收到的错误比特数，N 为总发送比特数。

由于任何一种信道编码方法的检错能力都是有限的，当传输过程中由于扰动所引起的差错位已经超过信道编码方法能够检测出的最大差错位时，接收装置会把其中一些差错情况误判为没有错误，这时将会出现残留差错，通常用残留差错率 R 来表示。对于码长为 n、最小距离为 $d_{\min}$ 的编码，其残留差错率 P_R 可表示为

$$P_R=\sum_{i=d_{\min}}^{n} A_i p_e^i (1-p_e)^{n-i} \tag{3-15}$$

式中，A_i 为信息码组中重量等于 i 的码字的个数。

接收装置对检测出的错误报文将拒绝接收，通常用拒收率 R_R 来表征拒绝接收的情况，其计算式为

$$R_R=\frac{检测出有差错的报文数}{发送的报文总数}\times 100\% \tag{3-16}$$

如果接收装置频繁地出现拒绝接收的情况，数据的有效性将被大大降低，使系统的可靠性降低。

二、实时性

电力系统运行的变化过程十分短暂，所以调度中心对电力系统运行信息的实时性要求很高。

远动系统的实时性指标可以用传达时间来表示。远动传送时间是指从发送站的外

围设备输入远动设备的时刻起，直至信号从接收站的远动设备输出外围设备止，这期间所经历的时间。远动传送时间包括远动发送站的信号变换、编码等时延，传输通道的信号时延以及远动接收站的信号反变换、译码和校验等时延。它不包括外围设备，如中间继电器、信号灯和显示仪表等的响应时间。

平均传送时间是指远动系统的各种输入信号在各种情况下传输时间的平均值。如果输入信号在最不利的传送时刻被送入远动传输设备，此时的传送时间为最长传送时间。

调度自动化系统的实时性可以用总传送时间、总响应时间来说明。

总传送时间是从发送站事件发生起到接收站显示为止事件信息经历的时间。总传送时间包括输入发送站的外围设备的时延和接收站的相应外围输出设备产生的时延。

总响应时间是从发送站的事件启动开始，至收到接收站发送响应为止之间的时间间隔。比如遥测全系统扫描时间、开关量变位传送至主站的时间、遥测量越死区的传送时间、控制命令和遥调命令的响应时间、画面响应时间、画面刷新时间等，都是表征调度自动化系统实时性的指标。

三、准确性

调度自动化系统中传送的各种量值要经过许多变换过程，比如遥测量需要经过变送器、A/D 转换等。在这些变换过程中必然会产生一定的误差。另外，数据在传输时由于噪声干扰也会引起误差，从而影响数据的准确性。数据的准确性可以用总准确度、正确率和合格率等来进行衡量。

遥测值的误差可以用总准确度来说明。总准确度是总误差对标称值的百分比，即偏差对满刻度的百分比。IEC TC-57 对总准确度级别的划分有 5.0、2.0、1.0、0.5 等。

遥测月合格率的计算公式如下：

$$遥测月合格率=\frac{遥测总路数\times全月总小时数-各路遥测月不合格小时数总和}{遥测总路数\times全月总小时数}\times100\% \tag{3-17}$$

式中，遥测不合格时间的计算为从发现遥测不合格时算起，到校正遥测合格时为止。

事故遥信年动作正确率的计算公式如下：

$$事故遥信年动作正确率=\frac{年正确动作次数}{年正确动作次数+年拒动、误动次数}\times100\% \tag{3-18}$$

遥控月动作正确率的计算公式如下：

$$遥控月动作正确率=\frac{月正确动作次数}{月总操作次数}\times100\% \tag{3-19}$$

第四章　新能源汽车大数据分析与应用

第一节　新能源汽车与车辆大数据

一、汽车电气化与智能化

（一）电气化

随着社会的迅速发展，能源危机已成为世界上绝大多数国家都必须面对的问题。化石能源作为不可再生能源，将在可预见的未来成为稀缺的资源。而汽车是消耗化石能源的主要工业品之一，汽车尾气排放引起的环境污染问题也日益严峻。在节能减排的迫切需求下，新能源汽车凭借其能源经济性与环境友好性在汽车产业中得到了企业和消费者的一致青睐。

新能源汽车在解决能源与环境问题上有着巨大的潜力。首先，作为电气化核心部件，驱动电机的效率非常高，最高能达到 97%，相对于发动机大约 30% 的热效率有着巨大的优势。此外，电机的全工况效率很高，有着“双 80”的说法，即 80% 以上的工况下的效率都是在 80% 以上的，而这是传统内燃机远达不到的。而且在驱动电机的配合下，能够实现传统动力总成的效率最大化。通过双电机与双行星排的配合，可以让发动机一直工作在最高效区域。

（二）智能化

随着互联网技术、通信技术、人工智能及计算机技术的快速发展，智能化已经成为一种潮流和趋势。从智能手机、智能家电，到企业的智能制造、智能物流等，智能化已经渗透整个社会的各行各业。在“工业 4.0”“智能交通”“智慧城市”和“互联网 +”的大背景下，汽车智能化已经成为汽车产业发展的重要潮流和趋势。

智能汽车在解决能源、安全和环境问题上具有巨大的潜力，例如，通过采用自动驾驶技术能够减少 90% 由于人为操作引起的交通事故；通过车—车通信和智能速度规划，在智能化发展的前期可以将道路通行率提高10%以上，在高度自动化阶段可以将道路通行率提高50%~90%；在节能减排方面，通过经济性驾驶和整体智能交通规划，能源消耗至少能降低15%~20%。由于智能汽车存在的巨大潜力，汽车的智能化目前已经成为行业发展的热点，并且正在引发行业的巨大变革。可以预见，汽车的电动化与智能化将会对传统的汽车行业格局产生很大的冲击。如果说汽车的电气化只是将汽车的动力由内燃机换为电动机，对传统汽车行业的格局的改变有限，那么汽车的智能化就是把一辆汽车变成一辆有着自己智慧的机器。

在车辆智能化的背景下，世界各国纷纷制订相应的汽车智能化研究计划，欧盟、美国和日本均发布政策法规来推动智能网联汽车发展。中国在《中国制造2025》中也明确给出了汽车智能化技术的总体目标，即制定中国自主驾驶标准：基于多源信息融合、多网融合，利用人工智能、深度挖掘及自动控制技术，配合智能环境和辅助设施实现自主驾驶；可改变出行模式、消除拥堵、提高道路利用率；装备自动驾驶系统的汽车，综合能耗较常规汽车降低10%，排放减少20%，交通事故次数减少80%，基本消除交通死亡情况。在《中国制造2025》后，工业和信息化部、发改委、测绘局等相关部委出台多部政策，从汽车智能化、网联化、智能制造、地图信息采集、大数据等多个方面促进智能汽车的发展。

二、信息化的车联网

物联网被称为是继计算机、互联网之后世界信息产业发展的第三次浪潮。在中国，物联网已经被正式列为国家五大新兴战略性产业之一，而车联网是战略新兴产业中物联网与智能汽车两大领域的重要交集。通过车联网技术，汽车厂商能够为消费者提供全方位的个性化服务，优化消费者的使用体验；通过汽车、道路和基础设施的相互联通，能够有效提高道路通行效率，减少交通碰撞事故的发生；另外，车联网技术还能够降低交通对环境的影响，在环境保护方面也发挥着重要的作用。

（一）车联网技术

根据中国物联网校企联盟的定义，车联网是由车辆位置、速度和路线等信息构成的巨大交互网络。通过GPS、RFID、传感器、摄像头图像处理等装置，车辆可以完成自身环境和状态信息的采集；通过互联网技术，所有车辆可以将自身的各种信息传输汇聚到中央处理器；通过计算机技术，这些车辆的信息可以被实现分析和处理，从而计算出不同车辆的最佳路线，并及时汇报路况、安排信号灯周期。简言之，车联网是以车、路及道路的基本设施为节点组成网络，用以实现车与车、车与人、车与路的信息交换，利用先进的技术（包括网络技术、传感器技术、控制技术、计算技术、智能技术等）实现安全防护、智能驾驶、车辆售后服务、位置服务，最终达到提高交通效率、提升道路通行能力和降低交通事故等目的。

根据车联网的基本框架结构，为保证车联网系统顺利工作，首先要通过感知技术、车载信息终端以及路边系统设备，实现对车辆自身的位置、速度、加速度、行进方向等行驶和运行信息以及车辆外在属性（例如道路、人和环境）等信息的提取与收集，通过轻量级的车载设备完成车辆相关信息的收集和处理，同时接收和执行来自上层的智能交通和信息服务等交互控制指令。在该过程中，汽车既是数据的收集和感应器，也是实时信息的发布者。

车联网基于 GPRS、4G 及 5G 等移动通信网络和宽带无线城域网络基础设施，实现运行系统（车辆信息系统、路网信息、信息采集基站系统和运行管控服务中心系统）和运营系统（运营管控平台系统、关键服务子系统）之间的数据传输。然后通过移动无线网和专用核心网实现汽车信息源与数据中心之间的信息传输，提供用户终端连接和对用户终端的管理，完成对业务的承载。作为承载网络提供到外部网络的接口，从而实现汽车各种服务、管理和服务交互过程的控制。

最后，数据平台能够对在网车辆和设施产生的海量数据的存储和处理提供支撑，同时集成其他服务基础数据，为智能交通管控和车载信息服务提供有关支撑。智能交通管理中心拥有超大的数据库和数据分析能力，用以存储、分析从路边设施传来的数据，并根据分析结果发送相应指令。车载信息服务与运营中心负责面向不同类型用户提供开放多样的车载信息服务，同时提供安全可靠的运营支撑环境，支持具有新型服务形态和商业模式的车联网应用的开展。

为实现以上过程及服务，有一些关键的技术也需要解决，其中包括异构无线网络的融合、全面的感知、智能化信息处理以及与新能源汽车的整合。具体来说，车联网需要解决的关键性技术问题可总结为以下四个：

1. 异构无线网络的融合

在车联网中将有多种不同的无线通信技术并存，包括 WLAN、WIMAX、超宽带通信 UWB、4G/5G 蜂窝通信、LTE 以及卫星通信等网络。不同的网络有不同的通信方式和特点，故而适用于不同的场景。为了达到信息共享的目的，车载网中的很多信息需要在不同的网络中传递。同时，车辆作为一个移动单元，在移动过程中将发生水平切换和垂直切换，也需要进行移动性管理。所以，需要在车联网环境下考虑异构无线网络的融合，实现无缝的信息交换和无缝的网联切换需求。

2. 全面的感知

车联网想要为地面交通提供极限通行能力，首先必须依赖于全面的感知，包括对整个道路的感知和对车辆的感知，从而分别结合道路和车辆获取相应的状态信息。如今，各种不同类型的感知节点已经大量应用于地面交通。如何将这些多元的感知节点进行有效的利用是一个非常关键的问题。它涉及感知节点的选择、功能定位(例如汇聚节点)、布局、特征提取与分析以及多元信息的融合。车内感知和车外感知考虑的重点不一样，道路的感知与车辆状态的感知关注的重点也不一样。比如,道路感知对路面是否结冰很关心,但是车辆感知可能更关心车辆的行驶速度和当前的位置。

3. 智能化信息处理

车联网不仅涉及众多的节点，而且可能存在各种各样的业务并发运行的情况，因此车联网需要考虑云计算或并行处理来提高运算能力。车联网收集到的交通信息量巨大，如果不对这些数据进行有效处理和利用,其就会迅速被新的信息所湮没。因此需要采用数据挖掘、人工智能等方式提取有效信息，同时过滤掉无用信息。考虑到车辆行驶过程中需要依赖的信息具有很大的时间和空间关联性,有些信息的处理需要非常及时。另外，很多车联网的应用与车辆行驶的速度和当前的位置有密切的关系,因此如何基于速度和位置做移动预测,并建立业务自适应的触发机制便显得非常必要。

4. 与新能源汽车的整合

新能源汽车和未来的交通基础设施之间存在密切的互动关系,也是车联网中一个重要组成部分。尽管新能源汽车在环保方面比传统汽车做得更好，但是在近期内，续驶里程、充电时间和电量可持续性等方便都是其软肋。目前新能源汽车的续航里程还十分有限，因此车联网必须与智能电网相融合，提前规划好充电路径，以满足长时间行驶的需求。此外，新能源汽车拥有比传统的内燃机汽车更先进的远程信息处理和导航技术，这样可以更好地对交通流量进行控制，减少交通拥堵情况，并从整体上提高交通安全性。不同服务提供商之间通过数据交换也可以允许增值服务的跨地区共享,以信息通信技术为基础的导航系统可以将新能源汽车更好地集成到交通基础设施中。

（二）车联网发展趋势

车联网将会是未来互联网的一部分,未来的车辆将能够同周围的其他车辆或环境共享信息和服务，如驾驶信息、生态驾驶信息、交通状况信息以及周围的车辆和环境信息。车联网所带动的新兴服务将是未来互联网服务不可分割的组成部分。

1. 未来的车辆配置

对于未来的车联网发展,未来的车辆均应配置以下功能：

(1)自动控制模块：自动驾驶。

(2)车辆状态感知模块：胎压、车速、车身系统以及硬件配置是否工作正常。

(3)周围环境感知：交通信息、道路信息。

(4)驾驶员身体状态感知：疲劳度、注意力。

(5)无线通信模块：与路侧单元、周围车辆、控制中心通信。

(6)辅助驾驶模块：语音控制、导航控制、定位精确。

(7)娱乐信息模块：网络购物、聊天、上网、多媒体下载、电子商务等。

(8)其他硬件配置：车辆身份证、数字仪表、自动空调、感应刮水器、灯光控制、电控座椅、智能玻璃(娱乐信息、导航等模块数据可以在前挡风玻璃上显示出来)。

(9)软件配置：智能交通控制系统、智能人车协同系统、自我学习。

2. 车联网发展趋势

未来的车联网发展趋势主要体现在以下几个方面：

(1)智能交通：车辆本身就是一个通迅集线器，它允许货物和数码设备连接互联网，提供车队管理和货运信息服务。例如，跟踪和定位货物、了解货物状态等，这些服务将嵌入整个货物供应链和物流链。

(2)集成式移动服务：传统的一些互联网服务，如社交网络等以后将迅速出现在我们的车上。

(3)智能协同交通：车辆的传感器收集信息，通过某种方式将数据发往云中心，云中心将数据隔离起来(网络安全)，然后将数据分发到不同的部门，利用这些数据进行交通控制。

(4)敏捷的导航系统：安装卫星导航系统的汽车接近100%。卫星导航系统根据每辆车提供的流量数据而不是传统的基础设施采集数据。部分导航系统将与主流的交通管理控制系统一体化，使车辆能快速获取系统的指示和建议。

在世界信息产业第三次浪潮物联网蓬勃发展的大背景下，车联网的发展前景巨大。各国目前都把先行抢占车联网市场当作重要战略目标，各汽车制造商、IT企业都对这块蛋糕虎视眈眈，也直接促进车联网产业规模目前初具雏形。目前车联网在解决交通拥堵、行车安全、驾驶者体验和环境保护等方面取得了一定的成绩，而车联网真正想深入人们的生活，其信息采集的安全度及公民的隐私问题也需要正确的制度去约束。随着国家大力支持以及相关车企的持续投入，相信在不久的将来车联网一定会彻底地优化人们的出行体验。

三、车辆大数据与应用

汽车不仅仅是运输工具，还是大数据的发生器和承载器。大数据在提升汽车产业的生产制造水平、改变汽车经营业务模式、改善消费者体验、推动智慧社会发展、建设汽车强国过程中将发挥巨大且重要的作用。现阶段大数据正在多个业务环节推动着汽车产业进一步升级：

第一，在汽车产品研发环节，大数据助力提升产品研发品质。

第二，在营销环节，大数据助力汽车精准营销。

第三，在使用环节，借助大数据能够准确掌握车辆位置、车辆故障、驾驶行为等信息，结合具体使用场景和互联网技术，支撑智能导航、车辆故障预警等领域拓展创新，推动形成便捷用车、经济用车、安全用车的社会用车新局面。

第四，在后市场环节，以车辆识别代号为核心，以零部件编码、材料编码为主要纽带的大数据体系，使整车与零部件信息的精确匹配成为可能，为汽车售后服务市场的繁荣发展奠定了基础。在汽车大数据产业时代，以数据驱动的互联、互动为核心的智能制造体系即工业 4.0，将会覆盖汽车生产制造全领域。厂商将从集中式生产转变为分散式生产，从只有产品转变为“产品＋数据”，从生产驱动价值转变为数据驱动价值，产业结构将发生重大转移。

（一）汽车行业大数据应用

作为制造业的巨头，汽车产业从造车端到用车端的整个价值链条的各环节，都将持续产生数据并且利用数据不断进行自我优化，从而与大数据紧密地联系在一起。汽车大数据是一个巨大的战略宝库。汽车产业中的数据收集、分析和利用方式正在发生重大转变，车联网技术也正在诸多方面改变着人们的车辆购置和使用习惯。车辆大数据的应用可以覆盖整个汽车产业链，涵盖汽车生产制造、汽车销售、汽车养护等各个产业链条。车辆大数据技术和应用必将推动汽车产业全产业链的变革，为企业带来新的利润增长点和竞争优势。

第一，车企可以利用数据挖掘技术，通过整合汽车媒体、微信、官网等互联网渠道数据，扩大线索入口，提高非店面的新增潜在客户线索量，并且挖掘保有客户的增购、换购、荐购线索，从新客户和保有客户两个维度扩大线索池。利用大数据原理，定义线索级别并进行购车意向分析，提高销售线索的转化率。利用汽车大数据对用户进行多维度的画像扫描，对客户进行细分，从购买需求、购买能力、购买目的、行为偏好等方面建立客户分层模型。在数据的基础上，洞察客户群体，找到购车潜在客户，定位高净值车主，唤醒沉睡的车主，打造一个营销的闭环。通过食、住、娱等方面分析购车潜在客户的行为喜好，针对不同的潜在客户群进行精准的营销推广投放，提高汽车销量。

第二，对于汽车厂商来说，汽车生产环节解决并成功上市并不意味着任务完成，真正的考验才刚刚开始，消费者拿到产品后的真实用户评价是决定一款汽车产品成败的最关键的因素。互联网的快速发展为所有人提供了一个庞大的信息互通的平台，汽车用户通过互联网沟通交流并相互分享购车经历和用车经验，同时也会真实地吐露产品的优缺点——这些信息构成了最精准的汽车用户口碑数据。借助汽车大数据平台将全网汽车用户评价数据融合进行分析，实时洞察用户对于产品和品牌的舆论走向，维护品牌形象，同时基于用户反馈意见进行产品设计改进及产品性能改进，提高产品可靠性，降低产品故障率。

第三，车企可以通过数据挖掘技术对其进行服务升级。大数据应用于客户管理方面可以提升客户满意度，改善售后服务。通过建立基于大数据的客户关系管理系统，了解客户需求，掌握客户动态，为客户提供个性化服务，促进客户回厂维修及保养，提高配件销量，增加售后产值，提高保有客户的利润贡献度。

在汽车的衍生业务方面，大数据挖掘也有很大的利用空间。比如通过对驾驶员总行驶里程、日行驶时间以及急制动次数、急加速次数等驾驶行为数据在云端的分析，能够有效地帮助保险公司全面了解驾驶员的驾驶习惯和驾驶行为，有利于保险公司发展优质客户，提供不同类型的保险产品；此外，基于车联网数据的驾驶行为分析，可以对驾驶员的驾驶操作安全性和能耗水平进行评价，提供驾驶操作建议，帮助驾驶员优化驾驶行为，提高车辆行驶的安全性和经济性。

在无人驾驶汽车领域，大数据技术为无人驾驶技术的实现提供了基础技术支持。百度无人驾驶汽车可以自动识别交通指示牌和行车信息，具备雷达、相机、全球卫星导航等电子设施，并安装同步传感器。车主只要在导航系统中输入目的地，汽车即可自动行驶，前往目的地。在行驶过程中，汽车会通过传感设备上传路况信息，在大量数据基础上进行实时定位分析，从而判断接下来的行驶方向和速度。无人驾驶汽车行驶越多，得到的数据越多，汽车将会判断得越准确，行为也会越智能。

（二）新能源汽车大数据应用

随着我国对新能源汽车推广力度的不断加大，具备绿色环保特性的新能源汽车是未来汽车产业发展的必然趋势，它将逐步取代传统燃油汽车成为寻常百姓的日常出行交通工具。相比传统汽车，电动汽车的电气化程度更高，机械结构相对简单，可以采集的数据项更丰富，可以支持多方面、深层次的数据分析需求。新能源汽车大数据平台近年来发展迅速，大数据挖掘方法在新能源汽车大数据管理平台的数据展示、运行数据分析、故障数量统计等方面具有得天独厚的数据优势。利用新能源汽车大数据分析为消费者提供车辆运行状态分析以及安全预警等服务能够促进新能源汽车产业的发展，优化新能源汽车的使用体验。

目前由于动力电池技术水平的限制，新能源汽车面临着充电时间长和续驶里程不足的问题。此外新能源汽车一系列安全事故的发生使其安全问题，尤其是动力电池的安全问题得到了研究人员和消费者的高度关注。

1. 安全预警与管理

新能源汽车的优点在于无尾气排放、噪声小，满足环境保护要求。然而，相比于传统汽车，由于用电设备设施的增加，新能源汽车同时也存在动力电池发热量大、线路多、电器控制系统复杂等缺点。一旦车辆设计不合理，装配不合理，车辆使用、操作不当，日常车辆维护不当或发生碰撞等意外，电池或各类电器控制设备就极容易在工作运行时发生火灾，给驾驶员和乘客带来很大的安全隐患。近年来频繁发生的新能源汽车火灾事故也给车辆生产企业敲响了警钟。因此如何实现对新能源汽车安全隐患的有效监控并提前预警是亟须解决的问题。随着大数据挖掘技术和方法的发展,越来越多的大数据方法被应用到我们的实际生活和工程应用当中。从新能源汽车的电池安全角度分析,可以利用当前大数据中的云计算技术和电动汽车车载终端设计一种电池安全预警系统,实现对电池运行、充放电、检修、防盗等全方面监测、数据云同步、云服务端的高性能数据分析、事故预警和全领域电池追踪,从而提高人身和电池安全,减少电池事故发生数量,加快救援速度,延长电池寿命,保障新能源汽车的电池安全,实现新能源汽车的安全预警与管理。

2. 车辆运行管理和统计

新能源汽车的运营统计分析系统主要实现车辆整体性能统计分析、电池组性能统计分析、车辆运营统计分析、统计报表分析及图表打印等功能。电池性能的统计分析模块是新能源汽车特有的，该模块给出了电池组充电的统计分析结果、电池组放电的统计分析结果、不同电池组行驶里程统计分析结果以及电池组性能评价统计分析结果。系统处理的数据主要来自监控子系统通过车载终端收到的实时数据及定期传回的历史数据,统计分析的结果相应地以直方图、曲线图和报表的形式给出。通过以上分析结果，可以充分了解新能源汽车的整车性能和运行情况,而通过上述运行统计分析可以实现新能源汽车设计最优化。而要实现这样的运行统计功能，就需要建立相应的大数据平台，对相应的数据进行收集与分析。

3. 车辆技术分析

（1）电池 SOC 估计

电池的荷电状态（State of Charge，SOC）指的是电池动力性能，是估计汽车续驶里程的重要指标,对其估算的准确性直接影响到驾驶员对电池状态的掌握和行驶计划的制订，甚至关乎其对电动汽车的接受程度。但是，电池 SOC 不能被直接测量，只能通过电池端电压、充放电电流及内阻等参数进行估算。这些参数还会受到充放电倍率、电池老化、环境温度变化及汽车行驶状态等多种不确定因素的影响。因此，SOC 的准确估计成为当下新能源汽车企业和相关研究机构研究的重点。目前，动力电池 SOC 估计方法主要有放电实验法、安时积分法、开路电压法、线性模型法和卡尔曼滤波法等，这些方法往往基于实验采集数据，在实时性、适用性和估算精度等方面尚存不足。随着大数据时代的到来，新能源汽车数据采集和大数据处理技术得到了迅猛发展，基于数据驱动方法的 SOC 估计模型的优势逐渐得到显现，如基于大数据的神经网络方法、支持向量回归法及模糊逻辑算法等,都能够快速、方便、高精度地估算 SOC。

（2）续驶里程预测

续驶里程是指新能源汽车上动力电池以全充满状态开始到标准规定的试验结束时所走过的里程,是新能源汽车的经济性指标之一。对续驶里程的精确预测是新能源汽车发展的必然趋势。根据从出发地到目的地之间的所有与路径相关的数据,由大数据技术来决定哪些信息是重要的并且提取关键特性,可以输入相关预测模型来估计续驶里程。收集天气、路况、道路类型(高速公路或市区道路)、道路等级等多种不同数据,同时把车辆行驶的历史(整车历史能耗值、历史行驶工况)、实时数据以及车辆和电池的性能考虑在内,并通过大数据技术对其进行整理分析,最终得到精度较高的估算值。

(3)动力电池系统运行管理

电池管理系统(BMS)通过检测电池组中各单体电池的状态来确定整个电池系统的状态,并且根据它们的状态对动力电池系统进行对应的控制调整和策略实施,实现对动力电池系统及各单体的充放电管理以保证动力电池系统可以安全稳定地运行。作为新能源汽车的核心之一,电池管理系统在很多功能方面仍存在不足。在新能源汽车蓬勃发展的当下,可以通过海量实时数据、历史数据和技术的积累对电池管理系统的功能进行不断完善,如优化硬件设计、提高软件的自适应性和提高数据挖掘与分析能力。

4. 充电站(桩)运营管理

充电桩运营是指以城市为单位,建立充电桩(站)的基础信息、运营等数据应用服务一体化,以充电桩运营(监控)中心为支撑,从充电桩监管到开展运营业务,为设备厂家、新能源汽车用户、新能源汽车销售门店和政府部门提供大数据分析、行业调查、统计报告和应用集成等多元化服务。

整体来看,充电桩运营涉及到对分散在市区内的充电设施的资产(设备)管理、计量计费、支付结算、统计分析、运行管理、用户管理、客户服务、集中监控、维护保养、查询和呼叫中心等功能,为新能源汽车充电服务网络的运营管理提供有力的支撑,保证新能源汽车充电运营的高效有序,进而实现运营智能化、规范化管理。

对于用户来说,通过智能手机实现空闲充电桩查询、站点导航、预约充电、扫码充电、移动支付、远程控制、用户反馈等多种功能,将会使充电变得高效、便捷;对于运营商而言,实现充电数据实时监控、即时推送用户充电安全警示、实时追踪运营车辆、远程控制车桩安全等多种管理功能,将会大大提高服务质量。同时,基于充电站运营大数据,分析用户的充电行为,包括充电时间、充电方式(快慢充)以及充电量等,可以发现运营中存在的问题并有针对性地制定解决措施,提高充电站(桩)的服务能力和流量。

第二节 新能源汽车车联网技术应用

作为与人们日常需求相关程度最高的交通领域,物联网的作用具体地更体现在车、路、人三者关系的协调上,即车联网。车联网是由车辆位置、速度和路线等信息构成的巨大交互网络。

车联网技术可以实现以下功能：

第一，通过装载在车辆上的电子标签获取车辆的行驶属性和系统运行状态信息。

第二，通过卫星定位技术获取车辆行驶位置等参数，通过3G/4G等无线传输技术实现信息传输和共享。

第三，通过各类传感器获取车辆内、车辆间、车辆与道路间、桥梁等交通基础设施的使用状况。

第四，通过互联网信息平台，实现对车辆运行的监控，并且提供各种交通综合服务。

目前随着新能源汽车在我国的普及，新能源汽车的车联网技术也在不断地发展。

一、新能源汽车与数据采集

按照新能源汽车的驱动原理和技术现状，一般将其划分为纯电动汽车（Electric Vehicle，EV）、混合动力电动汽车（Hybrid Electric Vehicle，HEV）和燃料电池电动汽车（Fuel Cell Electric Vehicle，FCEV）三种类型。

（一）纯电动汽车

纯电动汽车是指利用动力电池作为储能动力源，通过动力电池向驱动电机提供动能，驱动电机实现运转，从而驱动电动汽车前进的一种新能源汽车。

与燃油汽车相比，纯电动汽车具有以下优点：

第一，零排放，零污染，噪声小。

第二，结构简单，使用和维修方便。

第三，能量转换效率高，同时可回收制动和下坡的能量，提高能量的利用效率。

第四，可在夜间利用电网的廉价“谷电”进行充电，起到平抑电网的峰谷差的作用。

纯电动汽车作为机械、电子、能源、计算机以及信息技术等多种高新技术的集成，是典型的高新技术产品，其最终目标是实现智能化、网联化和轻量化。当前，研制和开发的关键技术主要有动力电池、驱动电机、电机控制、车身和底盘设计及能量管理技术等。新能源汽车的数据对提高这些关键技术的研发速度、降低研发成本及验证技术可靠性等方面的作用是十分显著的，因此获取和统计新能源汽车的数据便尤为重要。车辆的数据采集也是实现车联网的第一步，包括信息采集与识别、数据传输和信息处理。下面我们以纯电动汽车为例介绍所采集的类型多样的数据信息。

纯电动汽车整车数据采集项一共有如下几项：车辆状态、充电状态、运行模式、车速、累计里程、总电压、总电流、SOC、DC/DC变换器状态、档位以及绝缘电阻。

针对纯电动汽车的驱动特点，数据采集应该包含驱动电机的数据，共10项：驱动电机数量、总成信息、状态、序号、控制器温度、转速、温度、转矩、输入电压及电机控制器直流母线电流。

对于新能源汽车，动力电池的使用寿命及安全性问题是整车成本控制及安全监控的关键。在车辆行驶过程中，动力电池能够稳定高效地提供动力，在电池即将发生内部故障时能及时地检测到并实时预警。在车辆的全寿命周期内分析电池工作状态，为动力电池生产企业、动力电池管理系统提供足够丰富的数据反馈……这就要求对动力电池的数据进行全面的数据采集。对于动力电池数据采集的信息项目主要为与电池相关的极值数据。

电池状态信息数据包括电池电压、电池电流、电池温度探针数、探针温度值、高压DC/DC变换器状态、电池最低单体电压、电池最低单体箱号、当前最大允许放电电流、锂电池系统故障等级等方面。

车辆的道路行驶信息对于安全事故追踪、交通路网优化及智慧城市交通设计都有着重要的作用，因此对于车辆位置数据信息采集的需求便应运而生。车辆的位置信息可以由定位芯片采集，精度应达到5m，由此处理得到的经纬度的精度可以确定为5～20m的数量级，同时可以根据GPS的数据计算得到车辆行驶方向及行驶速度，对车辆位置、行驶轨迹及行驶速度进行监控。

为了更加准确地对车辆行驶状态进行监控，整车数据应被详细完备地记录并传输。这些整车数据信息将为车辆数据分析提供准确可靠的数据依据，如通过纵向加速度的记录可以分析路面坡度、电机驱动特性及车辆质量对车辆轴向加速度的影响。通过转向盘转角的记录可以计算出方向角速度，结合速度、转向盘转角及横向加速度可以对车辆的转弯状态进行判断，同时也可以反映驾驶员在转弯过程中的驾驶习惯。

（二）混合动力电动汽车

混合动力汽车是指汽车动力传动系统由两个或多个能同时运转的单个动力传动系统联合组成的汽车。汽车的行驶功率依据实际的汽车行驶状态由单个动力传动系统单独或多个动力系统共同提供。如果其中一个动力传动系统为纯电动汽车动力传动系统，那么该混合动力汽车为混合动力电动汽车。混合动力电动汽车按照驱动系统能量流和功率流的配置结构关系以及动力传输路线，可以分为串联式混合动力汽车、并联式混合动力汽车和混联式混合动力汽车。

1. 串联式混合动力电动汽车

由内燃机直接带动发电机发电，产生的电能通过控制单元传到电池，再由电池传输给电机化为动能，最后通过变速机构来驱动汽车。电池在发电机产生的能量和电动机需要的能量之间进行调节，从而保证车辆能够正常工作。

串联式混合动力电动汽车具有以下特点：

第一，车载能量源环节的混合。

第二，单一的动力装置。

第三，车载能量源由两个以上的能量联合组成。

串联式混合动力电动汽车实现了车载能量源的多样化，可以充分发挥各种能量源的优势，并通过适当的控制到达它们的最佳组合，满足汽车行驶的各种特殊要求。

2. 并联式混合动力电动汽车

采用发动机和驱动电机两套独立的驱动系统驱动车轮。发动机和驱动电机通常通过不同的离合器来驱动车轮，可以采用发动机单独驱动、驱动电机单独驱动或者发动机和驱动电机混合驱动三种工作模式。当发动机提供的功率大于车辆所需的驱动功率时，驱动电机工作处于发电状态，给动力电池充电。与串联式混合动力相比，它需要两个驱动装置，即发动机和驱动电机。在相同的驱动性能要求下，由于驱动电机系统与发动机可以同时提供动力，因此并联式比串联式所需要的发动机和驱动电机的单机功率要小。

并联式混合动力电动汽车具有下述特点：

第一，机械动能的混合。

第二，具有两个或多个动力装置。

第三，每一个动力装置都有自己单独的车载能量源。

3. 混联式混合动力电动汽车

内燃机系统和电机驱动系统各有一套机械变速机构。两套机构或通过齿轮系，或采用行星轮式结构结合在一起，可以综合调节内燃机与电机之间的转速关系，更加灵活地根据工况来调节内燃机的功率输出和电机的运转。

混联式混合动力电动汽车动力传动系统具有两个电机系统，即发电机和电机驱动系统，还兼备了串联混合动力车载能量源的混合以及并联混合动力机械动能的混合，驱动模式灵活，能量效率更高。在实际应用中主要有两种方案，即开关式和功率分流式。

开关混联式混合动力汽车的结构中离合器起到了在串联结构和并联结构之间切换的作用：若离合器打开，则该混合动力传动系为简单的串联式结构；若离合器接合且发电机不工作，则该混合动力传动系为简单的并联式结构；若离合器接合且发电机工作处于发电模式，则混合动力传动系为复杂的混联式结构。功率分流混联式混合动力汽车巧妙地利用了行星轮系功率分流以及三个自由度的特点，发动机、发电机及驱动轴分别与行星轮系的三个轴相连。在正常工作时，发动机的输出动力自动分流为两部分：一部分直接输出到驱动轴，与电机驱动系统输出的动力联合组成并联式结构；另一部分输出到发电机，发电机发出的电能与动力电池组组成串联式结构。

混合动力电动汽车与纯电动汽车相比，主要多出了发动机和一套变速机构，所以在采集车辆数据时需要注意发动机的相关参数信息，如发动机状态、曲轴转速、燃油消耗率、机油温度、冷却液温度、机油压力及进气压力等信息。

（三）燃料电池电动汽车

燃料电池电动汽车的动力系统主要由燃料电池发动机、燃料存储装置（主要用于储氢）、驱动电机和动力电池组等组成，采用燃料电池发电作为主要能量源，通过电机驱动车辆前进。燃料电池是利用氢气和氧气（或空气）在催化剂的作用下直接经过电化学反应产生电能的装置，排放物只有水，具有无污染等优点。

燃料电池电动汽车具有效率高、节能环保、运行平稳、噪声小等优点。燃料电池作为电动汽车的动力来源，其特点主要表现在以下方面：

第一，能量转化率高。燃料电池的能量转化率可高达60%~80%，是内燃机的2~3倍。

第二，不污染环境。燃料电池的燃料是氢和氧，生成物是清洁的水，它本身工作不产生 CO 和 CO_2，也没有硫和微粒排出，没有高温反应，也不会产生 NO_x。如果使用车载的甲醇重整催化器供给氧气，仅会产生微量的 CO 和较少的 CO_2。

但现阶段，燃料电池的许多关键技术还处于研发试验阶段。此外，燃料电池的理想燃料——氢气，在制备、供应、储运等方面距离产业化还有一些技术与经济问题有待解决。

作为燃料电池必不可缺少的反应催化剂——贵金属铂（Pt）被大量应用。按照现有燃料电池对铂金的消耗量，地球上所有储量都用来制造车用燃料电池，也仅能满足几百万辆车的需求。因此如何降低贵金属铂的用量也是燃料电池电动汽车推广应用的技术和资源瓶颈之一。

相比纯电动汽车，燃料电池电动汽车的电能来源于燃料电池发生的化学反应，因此多出了燃料电池和储氢瓶并需要采集与之相关的参数信息，比如燃料电池电压、燃料电池电流、燃料消耗率、燃料电池温度探针总数、探针温度值、氢系统中最高温度、氢系统中最高温度探针代号、氢气最高浓度、氢气最高浓度传感器代号、氢气最高压力、氢气最高压力传感器代号、高压 DC/DC 变换器状态等。

二、车辆数据通信技术

随着电子技术的迅速发展和在汽车上的广泛应用，汽车电气化程度越来越高。从发动机控制到传动系统控制，从行驶、制动、转向系统控制到安全保证系统及仪表报警系统，从电源管理到为提高舒适性而做的各种努力，使汽车电子系统形成了一个复杂的大系统。这些系统除了各自的电源线外，还需要能够互相通信。不难想象，若仍沿用常规的点对点的布线方式进行布线，那么整个汽车的布线将会如一团乱麻，因此要采用总线方式布线

（如 CAN 总线）。

CAN（Controller Area Network）即控制器局域网络。由于其高性能、高可靠性及独特的设计，CAN 越来越受到人们的重视。

CAN 最初是由德国的博世公司为汽车监测、控制系统而设计的。现代汽车越来越多地采用电子装置控制，如发动机的定时、注油控制，加速、制动控制（ASC）及复杂的抗锁定制动系统（ABS）等。由于这些控制需检测及交换大量数据，采用硬接信号线的方式不但繁琐、昂贵，而且难以解决问题，采用 CAN 总线可以使上述问题得到很好的解决。

现代汽车的计算机控制系统一般包括发动机控制、自动变速器控制、防抱死制动控制、安全气囊控制等几个控制单元。这类汽车的各计算机控制单元间往往没有通过总线构成网络，而是独立进行控制，或者相关控制单元通过串口进行联系。随着汽车电子技术的不断发展，一些先进的汽车上还装备了巡航控制、驱动防滑控制（ASR）、悬架控制、转向控制、空调控制、防盗及其他控制等电子控制单元（ECU）。另外，各种舒适性控制装置和数字化仪表也不断增多，而且各 ECU 之间有着密切的联系，CAN 总线已经开始被应用于这些先进的汽车计算机控制系统，取代传感器、电子控制单元和执行器之间以及电控单元之间的专线联系方式，构成了基于 CAN 总线的汽车控制系统网络。通常，该网络包括发动机控制、传动系统控制、车身控制和仪器仪表四个功能独立、可自行运行的 CAN 总线网络。为了便于汽车所有功能的管理，需要通过网管将这四个 CAN 总线网络联系起来。网管通过对 CAN 总线间待传数据信息的智能化处理，确保只有某类特定的信息才能在网络间传输。例如，车身 CAN 总线网络要从发动机 CAN 总线网络索要某一信息时，网管计算机就从后者中取得有关的信息，并按要求进行一定的处理后再进行传输。这种方式可将不同的信息分开，减轻了各网络总线上的负载。CAN 总线应用到汽车计算机控制系统后，所有 ECU 都连接到 CAN 总线上，极大地简化了汽车计算机控制系统的线路联系。

CAN 总线作为一种可靠的汽车计算机网络总线，已开始在先进汽车上得到应用，使各汽车计算机控制单元能够通过 CAN 总线共享所有信息和资源，达到简化布线、减少传感器数量、避免控制功能重复、提高系统可靠性和维护性、降低成本、更好地匹配和协调各个控制系统的目的。

三、车载设备应用

车辆车载设备的车联网应用主要是在车上的车载智能终端。智能车载终端（又称卫星定位智能车载终端）融合了 GPS 技术、里程定位技术及汽车黑匣子技术，能用于对运输车辆的现代化管理，包括行车安全监控管理、运营管理、服务质量管理、智能集中调度管理和电子站牌控制管理等方面。

（一）汽车厂商领域

为了满足车联网技术要求，许多著名汽车生产商正在积极从事车载智能终端的研发工作，代表性的有美国通用公司的安吉星（OnStar）汽车安全信息系统、日本丰田公司的G-BOOK 智能副驾系统以及福特公司的 Synchronization（Sync）系统等。所有这些智能终端的运营模式几乎一致，都是发生在车载设备与相应的远程中心之间。例如，OnStar的自动撞车报警功能是通过在前后防撞杆、车门、车内的气囊甚至车顶分别安装碰撞感应仪器实现的。一旦车辆的碰撞突破了感应器的临界点，车辆的信号发射器就会第一时间给 OnStar 拨通电话。在这个过程中，车辆的 GPS 信息就被锁定，相关部门可以立即到现场救援。G-BOOK 以无线网络连接数据中心，获得包括紧急救援、防盗追踪、道路救援、保养通知、话务员服务、资讯服务、路径检索、预订服务、网络地图接收、高速公路安全驾驶提醒以及图形交通信息服务在内的 11 大智能通信服务。所有这些终端设备的信息交互都发生在车与远程服务中心之间，车与车之间没有明显的通信行为，不能及时交换彼此的行车状态信息，导致存在事故隐患时不能主动避免潜在交通事故的发生。

（二）公共交通领域

公共交通指城市范围内定线运营的公共汽车、渡轮与索道等交通方式。这些交通工具都是固定时间发车，易产生资源配置不合理的问题。如果通过车联网进行客流量检测，合理配置公共资源，则可以有效地提高资源利用率。为满足公共交通领域对车联网的需求，国内公司推出了各种型号的车载终端设备，例如蓝斯车载定位终端 LZ8713H_2.0。该设备是集卫星定位监控、硬盘录像存储、多重防震、Wi-Fi、远程实时视频监控、语音通话、TTS 语音播报、公交报站、CAN 总线接口及行驶记录仪功能等多种先进功能于一体的智能化公交终端产品。其外观为铝合金散热片形制，可以达到整体散热的效果，大大提高散热、防尘、防水、防锈蚀等性能。

（三）私人交通领域

车联网的需求日益迫切，为了将数量庞大的数据从单独的每一辆汽车上传到云端平台，形成大数据的数据库，需要在车辆上安装一个实现车辆和平台数据连接的车载终端。

该终端采用了外置 GPS 或双模定位的方式，获得精度更高的位置数据，卫星定位速度更快。设备可以通过近端 SD 卡进行固件升级，也支持 FTP 远程固件升级，可大大减少维护的工作量。同时，它还支持串口参数设计，也可根据车厂提供的 BMS 及车辆仪表协议，通过 DBC 配置方式，快速定制车型的协议。在通信方面，设备最多可同时支持两个主站后台进行数据传输。

现代汽车电子领域的技术已经非常成熟，汽车上的各种传感器每时每刻都在进行着对汽车不同参数的测量，如里程表传感器、车速传感器、ABS 传感器、安全气囊传感器以及 GPS 传感器等。与传统车辆相比，在新能源汽车上有另外一些特殊的传感器，比如电机转速传感器、电池电压 / 电流传感器、电池温度传感器以及充电传感器等。这些传感器采集的数据通过各自的 ECU（电控单元）转化成数字信号在汽车 CAN 总线中传输。

该终端采集数据的具体流程如下：通过 GPRS 协议从 CAN 总线中读取数据，如电池电流、电压、温度、车速以及 GPS 定位信息等，再遵循国家标准 TCP 协议，以数据流的方式将数据传送到云端大数据平台，平台根据得到的数字信号数据，参照国标将所需要的信息翻译出来，最终形成可以为数据平台所利用的相关数据。

四、新能源汽车车联网大数据平台

（一）新能源汽车大数据平台的应用背景

1. 新能源汽车安全监管的国家政策要求

国务院对新能源汽车安全问题高度重视，在新能源汽车产业发展座谈会上对新能源汽车的安全指出，要强化远程运行的监控体系，以建立体系、统一要求、落实责任为重点，加快覆盖国家、地区、企业运行的监控平台。

2. 新能源汽车行业应用与管理需求

新能源汽车目前正处于新兴发展的黄金期，大量的新技术在新能源汽车上得以应用，大量的资金涌入新能源领域，许多车企都开始侧重发展新能源汽车。新能源汽车行业正处于一个上升期。与传统乘用车不同的是，新能源汽车的电子设备数量及其采集的数据量相比之前有了巨大的提升，普通行车电脑已经不能满足数据记录需求，并且该方法没有即时更新的数据，时效性较差，这对于一个新兴发展的行业而言是一种极大的限制。另外，由于新能源汽车的行车安全问题依赖于前期的数据分析发现，且其发生事故的救援难度相比普通燃油车要大得多，因此，大部分车企都对新能源汽车有着较高的数据传输分析及管理需求。为了满足目前急迫的新能源汽车发展需求，更好地对新能源汽车的车辆运行状态进行监控，同时反馈给车企指导下一步的设计优化工作，建立数据实时收发、实时分析监控的数据平台的方案便应运而生。依托数据平台，新能源车企不仅仅可以节省在监控及维护上的人力成本，同时其中的大量实车数据也可以帮助有效地缩短车辆的研发周期，大大地降低研发成本，加速新能源汽车行业向更高水平发展。

3. “新能源汽车 + 大数据”融合应用的需求

当前，新一轮科技革命和产业变革与我国加快转变经济发展方式形成历史性交汇，国际产业分工格局正在重塑。国务院印发的《中国制造 2025》确定了在新形势下大力推动制造业由大变强，在技术含量高的重大装备等先进制造领域勇于争先的主要方向。新能源汽车行业作为制造业与高新技术的交叉产业，同时也作为《中国制造 2025》中明确指出的十大重点发展领域之一，理应紧紧抓住这一重大历史机遇。

随着电子信息通信等技术与汽车产业的加速融合，汽车产品加快向智能化、网联化的方向发展，生产方式向互联协作的智能制造体系演进，服务模式呈现出信息化和共享化的趋势，带有鲜明跨界融合特征的智能网联汽车是汽车产业转型升级过程中最重要的创新载体。

在《中国制造 2025》及智能网联汽车联盟成立的大背景下，新能源汽车与车辆大数据的融合应用是顺应发展需求的必然结果。新能源汽车大数据平台的建立，可以将新能源汽车技术及智能网联技术紧密地结合起来，使两项技术可以相互促进、相互支撑。这种高度的融合必将大大加速《中国制造 2025》及智能网联汽车在新能源汽车领域的实现。

（二）新能源汽车大数据平台的功能

在采集了大量的车辆数据信息后，经过整理及分析，可以为驾驶员的安全驾驶、车辆部件性能分析与监控等诸多方面提供帮助，具体分析举例如下：

1. 驾驶行为分析

可结合采集到的加速度、转向盘转角、加速踏板开度等参数分析用户在不同场景、不同环境下的车辆使用情况，其中包括行驶环境、起步习惯、怠速状况及加速行为等。

2. 车辆性能分析

可分析车辆在实际道路环境下的加速、减速与转弯等性能表现，为车辆研发提供重要的依据。

3. 电池寿命预测

通过对电池充放电次数监控、电池的衰减度分析，预测电池的剩余使用寿命。

4. 电池性能评估

通过分析充电电压、充电电流、放电电压、放电电流等指标，可得出电池的充电性能曲线、放电性能曲线、容量变化曲线和自放电率曲线等，进而评估电池的性能。

5. 电池衰减评估

通过监测充放电次数和电池容量的关系，结合纯电续驶里程和使用温度等指标，可实时计算出电池的衰减度。

6. 电机性能分析

通过对电机表现的评估，计算并绘出转矩性能曲线、功率性能曲线和电机系统驱动效率曲线等，分析电机的整体性能。

7. 客户画像

通过对车主的行驶区域、驾驶习惯、驾驶风格等方面进行分析，将车主分为几类，并对每一类车主的特征进行精确定义，从而为车辆销售、针对性的广告投放提供有力的依据。

8. 行程分析

行程是指车主启动车辆到熄火停车的驾驶区间。行程分析是根据驾驶区间用户的安全、经济方面的表现，以安全得分、绿色得分、安全指标（急加速、急减速、急转弯等）、绿色指标（百公里能耗）为主体进行展示。

9. 远程诊断

基于实时的行车数据流对车辆发生的故障进行分析，将分析结果提供给车主或者维修店；对于未发生的故障，对车辆存在的风险进行预判，及时提醒车主注意。

10. 智能提醒

在车辆行驶过程中，通过监控车辆的运行状况、驾驶表现、环境参数等对车主进行智能提醒，以使其更加安全地驾驶。

通过采集到的数据，还可进行道路视角分析、天气视角分析、安全驾驶、能耗分析、驾驶排名、驾驶报告、车辆档案、零部件耐久性分析、零部件失效分析以及时间视角分析等。

新能源汽车产业进入大数据移动的互联网时代，应该用大数据的思维观念来处理数据，挖掘数据的潜在价值。新能源汽车作为通信、计算机、电力电子、动力控制和驱动技术以及新材料技术等交通运输领域集成应用的产物，也为云计算、大数据和智能终端等新技术提供了率先应用的环境。大数据的开发应用以及互联网思维的充分运用，都将会推动新能源汽车产业更加快速地发展，为人类创造美好的环境和生活。

五、车联网技术在智慧交通方面的应用

智慧交通是在整个交通运输领域充分利用物联网、空间感知、云计算、移动互联网等新一代信息技术，综合运用交通科学、系统方法、人工智能和知识挖掘等理论与工具，以全面感知、深度融合、主动服务、科学决策为目标，通过建设实时的动态信息服务体系，深度挖掘了交通运输的相关数据，形成问题分析模型，实现行业资源配置优化能力、公共决策能力、行业管理能力、公众服务能力的提升，推动交通运输向更安全、更高效、更便捷、更经济、更环保、更舒适地运行和发展，带动交通运输相关产业转型升级。

（一）智能化网联停车

停车技术普遍处于人工和半人工服务结合的管理，很少见覆盖全市的联网服务和全自动化的管理。这种低效和低品质的服务在汽车日益增长的情形下使停车难的问题日益突显。此外，路边停车管理缺失是普遍存在的问题，小区和商业区停车难、寻车难的现象普遍存在。基于车联网技术可以实现车辆出入自动识别和管理，也可以实现自动电子缴费，借此可以构建面向全市的车联网停车收费、管理和信息服务网络。通过模糊停车服务，用户可以全自动出入和进行自动化电子付费，可以实时获知周围小区的停车信息，可以预定车位，从而极大地提高停车效率，减少因为停车造成的额外交通压力。

（二）城市拥堵管理

在某些大型城市的核心商业区，过多的汽车出入已经让这些区域的交通严重恶化，通行效率急剧降低。对于出入核心商业区收取一定费用可以有效地调节该区域的车流量，这在新加坡和伦敦等城市已经成功应用。专用短程通信技术可以实现在自由通行情况下的车路实时通信和实时电子支付，是目前世界上实现拥堵收费和管理的主流技术。

（三）不停车营运车辆管理

国家对"两客一危"营运车辆规定要求安装符合国家标准的卫星定位车载终端。该终端都是以车辆传感、GPS/北斗及4G/5G技术为基础实现对车辆行驶记录、定位和监控。结合专用短程通信技术，可以实现营运车辆出入场站、车辆和人员不停车稽查、沿途重要站点自动稽查、基于特殊位置的实时信息接收以及交通路口特殊车辆优先放行等应用。

（四）安全驾车应用

基于车联网技术可以通过移动互联网来获取道路周边的交通状况信息，也可以通过专用短程通信技术获取在途的事故或者交通安全信息，且通过车与车、车与路之间的信息交换，实现大雾大雨天气、弯道、交叉口和危险路段的避让预警，再结合行人检测技术，可以有效构建安全行车环境。

第三节　大数据分析在未来交通出行中的应用及发展

在未来的交通出行中，汽车仍将是人们出行的主要交通工具，但"互联网+"的思想将重新定义现有汽车行业的模式，用第三次互联网革命带来的特征——全新、高效和及时的服务替代原来低效的组织管理形式和资源配置方式，汽车产品和服务的提供者、使用者的角色将被互联网用户重新定义。汽车行业将发生巨大的变化，而大数据技术则是推动这一变化的主要力量。

在这样全新的浪潮中，数据起到重要的作用。数据将打造未来的终极移动空间，而不仅仅是实体的汽车新材料或模块化的汽车零部件。要想让汽车变得"耳聪目明"，就需要数据从中传递信息、获取联系。大数据的精准定位和实时分析功能成为移动互联时代的利器，而大数据的收集、存放、传输离不开云储存。大数据、云储存保证汽车通过车载智能设备顺畅、及时地连接到互联网，整个车联网生态环境将成为汽车这一终极移动空间的重要保障。软硬件技术就像车联网的自来水龙头，将整个系统的信息传递到每一辆车。现如今，用户在汽车内打开手机App，就能够获取来自移动互联网的源源不断的信息。而在将来，这些源源不断的信息将和车相连，通过车载中央处理器进行计算，其结果直接反馈至车辆的运行。另外，多样、多变、可定制的内饰外观设计也会基于强大的数据库而建立，最终推动未来汽车朝着个性化、智能化的方向发展。

一、未来的交通出行

（一）未来的汽车出行

在未来的交通出行中，汽车仍然是很重要的组成部分。但是未来的汽车，不仅是实体的钢板和零件，而且还是一个功能十分齐全、智能化程度极高的个人移动空间。

未来汽车是一个数据中心，可以接收来自周围环境以及相关服务机构的各种信息，为乘车人的出行提供更多便利。汽车可以实时接收天气和路况信息，为乘车人提供最佳的穿衣选择和出行路线选择；汽车可以接收各种新闻信息，并根据乘客的喜好为乘客提供对应的新闻播报服务；汽车还可以根据乘车人之前输入的日程规划，自动进行日程提醒；汽车也可以向数据平台传输汽车的各项实时运行数据，使数据平台对汽车实时监控。当汽车的运行状况出现问题时，数据平台可以通过传输数据异常及时检测出汽车可能发生的故障并对驾驶员进行警示，减少事故的发生。同时，数据平台还可以通过对全市或者全区的汽车整体运行状况进行交通拥堵的预测，并提前采取措施进行疏导，减少可能发生的拥堵。

同时，未来汽车还可以实现自动驾驶，这样就可以在乘车人不适合开车的情况下代替其驾驶汽车，或者当汽车主动测量到按照现在的模式继续行驶会产生安全问题时，接管汽车驾驶，要保证驾乘人员的安全，还可以实现自动泊车等功能。汽车的自动驾驶也需要大数据的支持，如汽车可以接收附近路网的红绿灯情况，从而相应地调整车速，尽量减少汽车通过每个有红绿灯路口时的等待时间。汽车可以接收附近路网的拥堵信息进而在前方道路拥堵时提前自动选择其他道路绕行，还可以接收附近车辆的信息，实现对其他车辆的避让。汽车之间的信息交互可以解决当前城市中车流量较大时经常出现的“幽灵堵车”问题。“幽灵堵车”是指在车流量较大时，因为车与车之间的协调不够，车流中只要有一辆车没有保持好车速和车距，就会造成连锁反应式的制动。但当建立起车辆和周围环境的联系后，每辆车都能实时监控周边车的车速、车距、轨迹等，在车联网这个总指挥下保持好车速和车距。这样，“幽灵堵车”将不复存在。

未来汽车功能会更加丰富，也将更具个性化。大量私人购买的汽车将会实现定制化，当今车身的制造都是利用模具进行生产，因此必须要进行同一种车身的大量制造才能降低成本。在未来，车身的制造技术将会更加柔性化，3D 打印等技术的发展使车身可以不利用模具来进行制造，这就为小批量的个性化制造提供了条件。未来车身的外形将会根据车主的喜好进行定制，同时仪表盘的布置也可以根据车主的爱好进行改变。车主还可以选择更多的辅助设备来使汽车的功能更加丰富。线控技术的发展也使车身内部的空间更大，使车主可以有更舒适的驾驶体验。

（二）未来的交通网络

交通网络是一个区域发展程度的标志之一。高速公路的建设，可以大大缩短两个区域内的通勤时间。铁路的建设可以加速区域内货物的贸易交流，机场的建设可以加强与外界的沟通，交通网络的建设可以促进区域的发展。在过去的 100 年中，全球的交通网络建设都有很大的发展，使人们出行更加省时，不同区域货物的贸易更加方便。然而，如今交通网络仍然使用着传统的管理方式，随着交通压力的不断增加，诸如交通拥堵等许多交通问题正在变得越来越严重。解决这些交通问题，除了改善交通网络的硬件条件（加宽、新修道路等外），还可以通过大数据技术来改善管理方式来缓解这些问题。

1. 大数据方便个人出行

大数据将给未来的交通出行带来翻天覆地的变化。未来，交通出行领域的信息处理已经不再局限于车、船、轨道、飞机等各领域分开单独进行信息处理，而是通过完善的空天地一体化信息网络传递各种环境信息、交通信息、物流人口流动信息等，并经过大数据平台的精确计算、判断，来选择最适合人们出行的路线和方式。例如，乘坐飞机出行时，在去机场的路上，甚至在出发之前，就能通过空天地一体化信息网络提前观测好大气环境数据，结合未来的降雨概率，以及周边区域道路情况等数据进行大数据分析，规划最省时的出行线路和航班，大大减少因为天气产生的旅途延误。

2. 大数据改善交通管理

轨道、船舶、飞机等交通出行领域有大量的数据与车辆的出行息息相关。在静态数据方面，如行政区划、城镇居民点、资源分布、环保、水系等基础数据，如补贴机制、票价模式、班次运行计划、各项运行指标等标准规章数据；动态数据方面，如车务机务船务数据、交通工具运行数据、工务电务数据等专业数据，或如客流数据、环境数据、安全数据等反映了一定社会特征的数据。在仔细分析、计算的情况下能对车辆的交通出行进行指导。例如，在将来，若在一段时间内高铁站接收到大量的客流出站数据，证明短时间内将有大量旅客需要从轨道交通转乘其他车辆的交通方式，那么可以适当增加公交班次、出租车调度等，来缓解出站交通压力，以减少等待时间；又如，机场收集周边汽车、轨道交通车辆测得的环境湿度、风速等数据，可以迅速计算出小范围区域内的天气变化情况，从而在恶劣天气产生变化时，及时、灵活地选择起飞时机，减少行程耽搁。

二、未来交通出行中大数据的分析与应用

大数据的技术与应用起源于快速发展的互联网。在21世纪初，互联网页面呈爆炸式增长，谷歌首先建立了世界范围的主页索引库，其搜索引擎提供的精确搜索服务，方便了用户使用互联网，奠定了大数据的技术基础。大数据的发展给世界带来了巨大的改变，掌握了数据就掌握了知识，也就掌握了巨大的价值。

通俗来讲，大数据分析就是将原始的大量数据进行一系列的算法分析之后，从数据中挖掘出有用结论的过程。交通出行大数据与互联网大数据、金融大数据等传统大数据相比，具有其独特的“个性”。首先，交通出行大数据的特点是输入的持续性，即在分析阶段也有源源不断的新数据输入；其次，交通出行大数据分析具有反馈的即时性，不会像传统大数据分析那样将数据提取出来，耗时几个月甚至几年时间进行分析。例如，汽车的行驶状况关系到驾乘人员的安全，而且路况信息、实时导航等内容都具有很强的时效性，不可能进行孤立、延时的计算分析。

这两个特点决定了交通出行大数据分析必定需要借助云技术，未来对数据的存储和分析不再是单纯地在某一特定的中央处理器进行处理，相反，随着服务器和云存储技术的不断成熟，数据的存储和分析将是随时随地的。现在很多公司已经针对自身的数据平台，建立起了大数据实时分析模块，实现了实时分析功能，这些平台在不久的将来会更进一步地推广和深化。

那么，通过大数据分析出来的结果，又会有哪些结论和指导意见呢？会给我们现有的交通出行模式提出哪些建议呢？可以想象，其覆盖面将是出人意料的庞大，包括汽车生产、销售、售后，交通系统的调度以及交通设施的建设等方面。还可以通过数据进行处理，识别出每个客户的详细信息，采集客户的网上行为数据，进行全网客户识别。比如通过分析某一款车车主的行驶路线和常去的目的地，便可以得出这款车车主的普遍爱好，继而了解到购买这款车的主流客户群体特征，为下一步营销做准备。下面就介绍对交通出行大数据分析的几个未来应用设想。

（一）未来汽车行业——以人为本

1. 汽车设计制造

传统的汽车设计制造几乎都是由整车厂负责进行的，当然，大部分车身造型设计工作都外包给了设计事务所。消费者在其中的参与度很低，大部分车型只能在购买时挑选颜色、选装配件，这远远无法满足个性化要求越来越高的社会需求。如同顶级的衣物定制品牌的意义，汽车厂家也可以利用大数据来设计贴合消费者对汽车性能、驾驶体验等一系列要求的汽车。

车型设计将不再局限于专家的思维。通过在社交网站上展开的投票,例如福特公司开展的关于新车型选用手动行李箱还是自动行李箱的投票。这样的举动可以增加消费者的参与感,也可以充分了解消费者的喜好,让工程师对设计的把握度更高。

2. 汽车销售

未来的营销也可以做到对各种特定的客户群精心设计,通过分析事先搜集好的大数据,各个汽车相关的产业链企业可以准确把握产品的潜在客户,以及这些客户的习惯爱好。除了客户喜欢的汽车特性参数(如空间、动力等)、汽车外形、汽车品牌等,还可以分析出客户最喜欢的营销内容与营销手段,把相同的产品"卖"出不同的风格,实现所有的营销都准确围绕消费者,实现精准营销,节约成本。

具体方法是通过分析过去各种车型或者品牌的买家数据,设定一些指标,如年龄、家庭情况、收入等,然后通过大量的数据匹配来找出这些买家群体的特定爱好,在新车推广上就可以相应地侧重于拥有相似特点的客户,并且在之后的车型设计上也可以做与之相对应的改进。例如对同为豪华品牌的路虎与沃尔沃的买家调查,就表现出了非常有趣的结果。大数据研究显示,喜欢路虎的买家中高中以下学历者所占比例相对较高,而沃尔沃的买家群体中硕士及以上学历者占比则是第一。由此可见,同样是在高收入人群中推广,路虎和沃尔沃的营销策略就要有所不同了,要抓住自己的优势。在将来,通过大数据分析还能知道各种细分人群对于汽车的颜色、品牌、性能方面的独特爱好,使得销售方面的策略和行动更加准确积极,既减少了营销成本,也使消费者更容易找到心仪的车辆。

3. 驾乘感受

在汽车的使用过程中,消费者始终处在至高无上的地位,未来的汽车就像是读取车主心理的庞大数据库,时刻为车主进行贴心的服务。例如,在汽车行驶过程中,通过以往的大数据分析,根据当前的环境状况和驾乘人员身体情况,时刻为消费者提供最合适的车内环境,包括音乐、温度、灯光、空气质量等。

云端数据可以根据每一位消费者的兴趣爱好和驾驶习惯,将大数据直接共享到整个汽车行业的各个领域,为消费者提供可定制的服务。汽车本身也是一个可以收发、存储和共享数据的移动终端,人们在驾驶车辆的同时,可以通过汽车上网收发邮件、处理事务或参与视频会议等,使汽车成为一个办公室管家。

在未来,汽车或许已经不是传统的交通工具,而是一个服务机器人,具有高度的人工智能化。这个机器人能随时听从主人的差遣,服务主人,也能协助主人管理各种事务,甚至可以做自我检查,自主预约修车时间,以及自动驾驶前往维修站进行维修。此外,在物联网的推动下,汽车和周围环境中的各种电器将建立密切的联系,共同为消费者营造一个舒适、便捷、高效的生活氛围。

而这一切,首先要充分利用获得的大量数据,利用机器学习等人工智能方法,使汽车具备像人一样思考的能力。

4. 售后维修保险

想必有车的人士或家庭一定会对到 4S 店做汽车保养和维修深有感触。一般修车流程是先检查，然后选择修车方式（或换或修），再进行修车处理。这个过程充满着漫长的等待，许多车主往往要为此耗费一天甚至更多的时间，汽车维修店本身的效率也较低下。此外，汽车维修行业还有一些诸如维修标准不统一、维修内容不透明、维修管理技术落后等问题，都在制约着汽车维修行业的发展。

在未来，这些问题都将得到改善。汽车将成为一个独立的数据分析处理平台，汽车对于自身的每个零部件状况都了如指掌，结合过往的经验数据和当前的零件状况，加以强大的数据分析，每一辆汽车都能通过车载计算机分析出何时需要保养何种零件，并评估各个项目需求。这些需求将会第一时间发送给消费者进行确认，并根据消费者的收入、习惯以及车型配置，制定出完美的维修保养计划。

这些维修保养计划不仅会发到车主手里，而且也会发到对应的维修店。店家可以通过该信息提前安排好汽车的维修时间，并提前准备好汽车维修所需要的工具、需要更换的零配件等，大大减少了维修过程中的等候时间，也能很好地提高维修效率和服务质量。此外，汽车维修保养信息平台的建立还可以保障保养的质量和收费透明化。未来的汽车将记录所有的保养记录，对负责的保养人员与材料进行完整的存档，这样车主对汽车的所有保养项目一目了然，所有数据信息都将输入汽车系统，保有“证据”。保养平台的公开推广，也将逐步推进维修保养价格的透明化。将所有保养价格与质量公开给每一位消费者与其他保养店铺，不仅使所有数据一目了然，也提高了维修保养店的市场竞争。

在大数据时代，各保险公司也将搜集保险理赔数据，与从其他平台搜集到驾驶员驾驶特性数据相结合，利用复杂的数学模型，最终计算分析出客户风险级别，以此作为依据对客户的下一次投保进行灵活的处理，既为保险公司规避了风险，又在一定程度上督促了客户谨慎驾车。例如，如果客户日常行驶数据中加减速的次数较多，加速度较大，则从一定程度上反映了该客户驾驶习惯比较激进，有可能具有较高的风险等级，那么在保费上就应该慎重考虑。

（二）未来交通系统——智慧出行网络

现有的智慧交通系统是针对城市交通中出现的拥堵、停车设施供需矛盾突出、公交车和出租车服务与监管水平不高、机动车交通诱导水平低、交通设施管理水平不高、桥梁和路面技术状况监测力度不足等一系列问题，通过部署大量车载移动传感器网节点和路边固定传感器网节点，来建设一批基于物联网技术的智能交通业务应用系统。该系统通过对海量信息汇集、处理、分析、管理和服务的智能交通运输物联网进行综合处理，构建广泛互联的交通要素感知网络，实现更加丰富、更加准确、更加人性化的公众信息服务，形成了一个智慧和谐的交通出行环境。

随着智慧交通的发展,以及计算机计算能力、存储能力的提升,大数据分析在智慧交通中将发挥越来越重要的作用。综合考虑实时交通数据、历史交通数据、气象数据、社会媒体及活动数据、传感器数据等,通过轨迹挖掘、交通决策分析等,让交通运输系统具有感知、预测以及解决问题的能力,达到客运和货运的需求,最大化地合理分配资源。实时的交通环境、居民的生活习惯以及货物运输的稳定性与安全性也逐渐成为考虑的要素之一。交通引导从时滞性向实时性发展、从被动式向主动式发展,传统的交通信息发布方式如网站、广播、电视等,都缺乏个性化和针对性,在将来会逐渐被淘汰,取而代之的是一种主动交互的交通信息服务模式。在该模式下,交互平台每隔一段时间就将向车辆推送一次交通路况信息,结合路段的速度、时间等信息进行融合,进一步提升交通路况信息的精度及覆盖面。此外,推送的信息还可以为驾乘人员提供特定的智能化应用和服务,根据不同时间和客户群体进行精准推送。

在信息时代,交通系统的运营和维护不再是只能依赖大量的交通警察在现实世界里来回奔波去维持,我们要做的只是一切交给数据,一切交给计算机终端。道路拥挤、交通系统运载能力不足是阻碍汽车发展的一大难题,大都市中常常出现的“惊天大堵”成为人们的噩梦。大数据和车联网技术能从时间和空间维度提高车辆对周边环境的感知能力。在时间维度,通过互联通信,系统能够提前获知周边车辆的操作信息、红绿灯等交通控制系统信息以及气象条件、拥堵预测等长期的未来状态信息。在空间维度,系统能够感知交叉路口盲区、弯道盲区、车辆遮挡盲区等不同位置的环境信息,从而帮助自动驾驶系统更全面地掌握周边的交通态势。在出发或行驶过程中,如果驾驶员事先知道了每条城市道路的拥堵情况,则路线选择一定会比盲目凭借以往经验选择道路要好很多。

也许现有的一些软件已经部分实现了智能交通系统的某些特性,比如实时查看路况,了解拥堵情况,但是在新的智能路线的决策选择上,还有很多驾驶员的主观因素。举个简单的例子,假设一条环路上显示的是较为拥堵,而市区道路显示的是通畅,那么这时候往往很难抉择:环路上并没有红绿灯,再加上宽阔的车道,其最终到达目的地的用时不一定比走市区通畅道路要长。未来的出行方案绝对不局限于了解每一条道路的拥堵情况,毕竟智能的路线选择才是智能出行方案的最终目的之一。在传感器高度发达的未来,将会有更多的路况信息传递到大数据云端,比如车流情况、车流速度、实时信号灯情况、周边环境影响因素乃至细微到通过车辆种类情况,再结合相同条件下的过往数据,精确计算出耗时最少的线路或是油耗最少的线路等,以供驾驶员选择。

同时,自动驾驶技术的发展也离不开大数据与车联网技术,汽车可以利用车联网技术来收集周围汽车的运行信息以及周边道路的拥挤情况、红绿灯情况等,根据周围车辆的运行情况和道路环境决定是否超车、变道以及选择更合适的路线。车联网可以给自动驾驶汽车的决策提供更多的信息，使其能够做出更正确的决策，提高了自动驾驶汽车的安全水平。

在大数据影响下的智能交通系统，不仅缩短了驾驶员与乘客的出行时间，而且对整个城市道路资源的合理利用、城市节能减排效果的提升也具有很大的意义。此外，交通事故发生时的救援车辆引导，给其余车辆传递和避让信息，在挽救事故损失、争取救援时间方面也具有重要的意义。

将来智慧出行网络不再局限于汽车，而是构建海陆空一体的智慧出行格局。在未来，这些信息平台将更加贴近用户，除了基础信息之外，将提供更多的私人化服务。

下面以铁路运输方面的未来智慧出行为例。未来的铁路智慧出行服务，将从旅客踏出家门的第一时间就开始进行，直到旅客到达目的地的下榻地点为止，在各个环节都可以设定相应的服务项目。从出发阶段的专车接送、快速安检、智能候车到车上根据旅客个人喜好制定的个性化服务，以及结合旅客身体状况和环境因素的贴心化服务，到站后的专人接送、快速出站服务，还有根据目的地城市的天气状况为旅客提供雨伞、口罩等关怀服务，让旅客的铁路出行全程无忧。此外，铁路公司将联合餐饮、酒店、旅游风景区等公司进行贴心的客运延伸服务，根据旅客的过往出行数据、个人喜好、到达时段以及评价，精准推送与目的地相关的服务信息，制定符合用户需求的延伸服务产品。

（三）未来社会发展——国计民生

俗话说“要致富，先修路”，一个地区的交通基础设施的建设对该地区的经济发展起到了重要的促进作用，交通设施通常被认为是可以缩短城市间的距离，改善地区可达性水平，并推动区域间经济、社会、文化等方面的相互作用和联系，进而提高区域的社会经济发展潜力及扩大经济活动区位优势。交通的繁荣与否影响着当地的人流量、物流量，而丰富的人流和快捷的物流无疑是经济发展的助推剂。从人口流动情况的大数据观察可以很直观地体会到区域经济发展的状况，人往高处走，人们总是乐于追逐更加美好的生活。

在未来，交通出行信息将不仅仅是人流量，信息维度也会更加丰富，所能反映的问题也将更加精确。例如，物流热度是根据物流业的基础设施建设程度和物流业务繁忙程度决定的，而物流企业的区位选择具有市场、服务对象等需求指向特征以及交通区位指向特征。引入物流热度信息，对不同尺度下的物流热度分布特征进行分析，可以充分反映出区域经济实力与交通区位的差异，及时反映出物流业发展的区域不平衡，给政府提供大量的信息以及决策建议，来解决物流资源优化配置难度大、货流双向流动不平衡等问题，减少物流成本支出，从而提高经济发展效率。

此外，综合一段时间内的交通出行大数据，比如将人口流量、车辆流量、轨道交通流量、空港流量等大数据信息导入云平台，对其进行缜密快速的计算，可以很快对交通出行领域配套设施的建设提出指导性意见，同时也可以形成周期性的数据统计报告，从宏观的角度严密观察社会运行和经济发展的状况，使得政府能够更加全面地掌握当前经济的发展状况，也更加及时果断地进行调控。

三、未来新挑战

在未来的交通出行中，大数据技术将为智能交通的发展带来巨大的变化，这是由大数据技术的特点决定的。大数据能够及时地对交通大数据进行分析、处理，对其做出快速响应，从而帮助人们快速发现交通异常，方便交通管理。大数据技术具有高效率的数据挖掘能力，能快速发现大量交通数据中的内在规律，从而提高交通管理的运营效率以及道路通行能力。大数据的分布式并行处理能够对复杂的块表进行关联分析，可以支撑高并发多用户访问，帮助人们在交通紧急事件中快速处置、多方协作，提高数据处理能力。大数据技术的预测能力帮助用户预先了解交通拥堵情况，尽量避开拥堵路段，实时监控交通的动态运行。大数据技术能够有效地解决未来交通中所面临的难题，同时也面临着许多的挑战。

（一）数据的安全性

科技发展日新月异，既诞生了像智能手机这样方便全人类的发明，又衍生出了电话诈骗、电话推销等诸多问题。未来的车载数据也是一样，既有着重要的使用价值，也会带来一系列的安全性问题。未来的车载数据盗窃会呈现出隐蔽性、快速性及随时性的特点，数据安全将成为汽车大数据应用的头等大事。

未来车载信息的覆盖面之广足以包括消费者的各种习惯、爱好和其他的基本信息。相比手机信息泄露，车载系统被盗窃和入侵将造成更为严重的后果。车载系统首先包括了消费者经常出入的地点，如上班地点、家庭住址、家庭成员活动地址等；使用汽车通话已经不是新鲜的技术，因此车载系统还包括了消费者与家人的联系方式；当然，未来使用汽车支付的场所除了收费站以外还将增多，因此账户信息也会存在汽车里；甚至还可以根据消费者的日程安排计算出消费者的喜好、购买力等，使汽车成为新一轮的垃圾信息推广的重灾区。

监管平台和监管条例还需要完善和改进。由于现行法律的滞后性，消费者在车辆上遗留的很多信息无法界定是否为隐私，于是许多车厂和软件平台在这样的灰色地带大肆搜集了消费者的各项数据。如何界定哪些数据是可以获取的？车厂和企业如何保护消费者的数据？这些数据应该如何使用？现在还没有完善的法律法规体系来规范这些操作，也没有一个专业的监督管理部门来处理这些问题。这样就使消费者的数据处在一个无人监管的状态下，许多侵犯消费者隐私的行为无法从法律上加以制止，因此我们应当加快建立对消费者数据使用的监管机制，对车厂或者其他平台使用消费者数据的行为进行监管，防止有人利用这些数据进行非法活动。

尽管可以预见大数据将给我们的交通出行带来诸多的便利，但是既往的教训告诉我们，科技发展其实是一把双刃剑。要扩大有利的那一面，也要防范不利的那一面，扩大优势，减少劣势。充分利用好交通领域大数据的同时也要维护好数据安全，该任务任重而道远。

（二）数据的复杂性

在未来的交通出行中，各种类型的信息都会被记录成数据，包括驾车人的行为数据、天气路况、铁路车辆运行、航班运行信息等，这样就会导致数据量的急剧上升。同时，这些数据的种类也十分复杂，包括结构化、半结构化、非结构化数据，有数字信息、语音信息、图文信息等各种类型，平台需要对这些数据进行及时有效的接收和存储。这就对数据平台接收数据、存储数据的能力提出了挑战。平台需要有强大、可扩展的数据存储能力，才能应对大数据时代的挑战。

云存储是在云计算概念的基础上发展起来的一种新的存储方式。它是指通过网格计算、集群文件系统、分级存储等现有技术，将网络中大量的存储设备通过硬件 / 软件的方式集合在一起，并对外提供标准的存储接口，以供个人或企业调用并存储数据的存储方式。云存储对于使用者来说，不再是指某一个具体的设备，而是指一个由许多个存储设备和服务器所构成的集合体。使用者不是使用某一个存储设备，而是使用整个云存储系统带来的一种数据访问服务。相比传统的存储方式，云存储的出现使得一些企业或个人不需要购买价格高昂的存储设备，只需要支付较少的费用便可以享受近乎无限的存储空间。云存储对于没有足够能力搭建大数据平台却有数据存储需要的公司、机构来说是一个很好的服务。

但是数量的庞大并不代表着质量的提高，在大量的数据中有许多是无用甚至错误的数据，对大量的数据进行数据清洗，从而得到需要的数据，也是我们需要解决的问题。

（三）计算的复杂性

在未来的交通系统中，要想对大量的交通数据进行分析并得出相应的结论，需要进行复杂的运算。而且为了及时对交通系统进行调控，处理数据的速度要快，这就给交通大数据的计算带来了很大的挑战。

大数据计算不能像处理小规模数据集那样做全局数据的统计分析和迭代计算，由于数据量庞大，在分析大数据时，往往需要重新审视和研究它的可计算性、计算的复杂性和求解算法。大数据样本量巨大，内在关联密切而复杂，价值密度分布很不均匀，这些特征对建立大数据的计算方法提出了挑战。例如，对于 PB 级的数据，即使只有线性复杂性的计算也难以实现,而且由于数据分布的稀疏性,许多计算可能都会成为无效运算。

大数据计算本质上是在给定的时间、空间、计算条件的限制下,如何实现“算得多”,即分析出尽可能多的交通系统的信息。从“算得快”到“算得多”,对考虑计算复杂性的思维逻辑有很大的转变。所谓“算得多”,并不是计算的数据量越大越好,而是需要计算出尽可能多的有用的结果。需要探索从足够多的数据,到刚刚好的数据,再到有价值的数据的按需约简的计算方法。近几年自动驾驶汽车取得重大进展就是很好的案例。

(四)系统的复杂性

交通系统大数据对计算机系统的运行效率和能耗提出了比较苛刻的要求,因为交通系统大数据分析需要消耗巨大的计算机软硬件资源,所以需要对处理系统进行优化。大数据处理系统的效能评价与优化问题具有挑战性,不但要求理清交通系统大数据的计算复杂性与系统效率、能耗间的关系,还要综合度量系统的吞吐率,并行处理能力、作业计算精度、作业单位能耗等多种效能因素。

针对大数据的价值稀疏性和访问弱局部性的特点,我们需要研究大数据的分布式存储和处理架构。

在大数据应用中,计算机系统的负载量发生了本质性的变化,计算机系统结构需要革命性的重构。信息系统需要从数据围着处理器转变为处理能力围着数据转,关注的重点也不是数据加工,而是数据的搬运;系统结构设计的出发点是要从重视单任务的完成时间转变到提高系统吞吐率和并行处理能力,并发执行的规模要提高到10亿级以上。构建以数据为中心的计算系统的基本思路是从根本上消除不必要的数据流动,必要的数据搬运也应由“大象搬木头”转变为“蚂蚁搬大米”。

大数据技术在管理未来交通系统方面还面临着许多挑战,但是随着大数据研究的进一步深入,相信这些问题最终都能够得到很好的解决。未来交通将成为大数据驱动下的智慧交通系统。

第五章 能源大数据的应用与开发实践

第一节 大数据在太阳能、风能等新能源领域的应用

太阳能与风能作为气候资源的重要组成部分，因为没有被污染，所以被称为“清洁能源”，日益受到重视。光伏技术的持续进步推动光伏市场的细分化程度不断升高，除地面电站、分布式等传统光伏发电的应用类型外，光伏技术和民用产品的结合应用开始展现生机。这反映了当今国内外新能源电力发展的一个新动向。

但风电、太阳能发电本身具有不稳定性，不易准确预计，风况和光照不稳定，产生的电能就不稳定，风电和太阳能发电的电能质量也较差，其功率因数和谐波往往得不到有效控制。风电、太阳能发电正成为电网管理部门头痛的“垃圾电”，原因大致有三个方面：一是电网建设速度严重滞后于风电发展，风电项目难以接入电网系统；二是电网调度调节能力差，无法全部接受不稳定的风力发电量，影响了风电场的效益；三是风电企业、气象部门与电网部门的协调统筹能力以及气象预报的准确度低。技术瓶颈无法突破、气象预测技术和电网设备及调节能力相对落后、风电并网技术规范的缺失等问题制约了风电产业的发展。“大数据”的出现解决了这个问题，彰显出巨大的威力。

一、气象大数据在太阳能和风能开发中的应用

在光伏发电产业，一些企业通过对各地区的气象数据、检测电站情况的汇总和分析，得出了较翔实的太阳能资源情况，将其作为产品销售。购买这一产品后，光伏电站的投资商就可以提前对投资区域的光伏资源进行分析，并初步划定开发的区域，省去了很多手续和环节。在此基础上，一些企业开发出更细化的服务，如提供区域内的地形、矿产等数据，以此为基础，投资商可以一次确定开发场址。还有一些企业将服务和移动客户端联系起来，方便业主随时随地查询资源情况。从这些产品和服务中可以看出，数据分析和应用为光伏的高速发展提供了有力的支撑。

根据中国气象局风能太阳能资源中心最新发布的消息，我们可以知道，风功率密度

大值区域主要分布在我国的三北地区（东北、华北和西北地区）、东部沿海地区以及青藏高原和云贵高原山脊地区。

因此，利用天气建模技术和气象部门的大数据，能源电力系统能够提高风电和太阳能发电的可靠性。以往对风资源的预测不够精准，在风能无法贡献预期功力时，火电就要作为后备电力。这样，电网对风电的依赖程度越高，需要建设后备电站的成本就越高。另外，启用火电站就等于向环境中排碳，然而，在大数据分析的帮助下，温度、气压、湿度、降雨量、风向和风力等变量都得到了充分考虑，对风电的预测更加精准。电网调度人员可以提前做好调度安排，也有助于电网消纳更多的风电。

二、大数据在太阳能电站运营中的应用

大数据为光伏发电产业中存在的问题提供了解决方法。我国的光伏发电在经过了高速发展后，暴露了两大问题：一是设备质量问题，二是金融服务滞后。这两个问题使得电站的投资、运营管理都受到了影响。在光伏电站的高速发展中，为了快速占领市场，很多设备商重量不重质，导致光伏电站建成后发电效率低下，故障频发。国家主管部门对此非常重视，通过政策制定、标准发布等多种方式来提高光伏设备的准入门槛，以保障产品质量。大数据平台可以利用建成光伏电站的设备运行效率、故障率等数据，汇总、分析，使用市场的手段为业主提供“火眼金睛”，将有劣迹的制造商产品拒之门外。金融服务滞后的最核心问题是金融机构对光伏电站在 15 ~ 20 年的运营期内能否“安全且有保障”还款存有疑虑，对电站来说，运营期内的发电量就是金融机构放款的定心丸。为大数据平台提供的建成电站的多年发电量数据是金融机构对光伏发电项目收益率进行分析的基础，是金融机构放款决策的关键指标。依托大量光伏电站的历史运营数据，各类创新数据服务大量涌现，涉及光伏发电的全流程，为光伏发电的投资建设、运营管理的决策提供了有效的服务。可以说，光伏发电的大数据时代已经来临，光伏发电和数据还会碰撞出哪些火花，人们都拭目以待。

三、大数据在风能电站运营中的应用

风电行业的意义在于向终端消费者提供更稳定、更清洁、更廉价的电力，这是行业存在合理性的根据，也是业界努力的方向。共建并分享运营数据，进而激发这些数据的全部潜力才是风电行业迎接大数据时代的应有姿态。

（一）预测数据

根据预测的风速情况，安排运维计划。如小风天气维护，以确保大风天气的最佳运

行；或台风（大于风机最大风速）将至，要做好预防准备，避免事故发生。根据超短期预测情况对突发情况做应急准备，如台风天气的预防工作。

（二）实时数据

根据实测风速情况，发现风机问题，安排检修计划，如实测风速已达到满发风速，某台风机组未满发，安排该台风机的维护检修计划。根据实测风向情况，优化风机控制策略，如通过对风向前排机组的偏航微调，减少尾流影响，提升后排机组的发电量。根据实测数据情况，优化风机参数，达到最佳的运行状态，如相同的机组参数设置，对于不同机组在不同点位的布局排放，未必可以达到该机组的最佳运行状态。根据实测风速、风功率密度情况并结合风机数据，评估不同厂商的不同机型，为日后的选型选址提供可靠依据，如临港风场六台机组中有四种机型，通过历史运行情况，比较各机型，得出特定地区适合哪种特定机型。

通过检测和采集风机的运转数据、风场的运营数据不仅有利于风电场业主追求风场效益最大化，而且有利于风机制造商更好地改善风机的性能，为产品的技术升级提供大数据支撑。

四、新能源的消纳难题与智能电网的解决方案

新能源的一个普遍的特点就是出力不稳定，具有随机性的问题，新能源同时也存在着地理位置分布和用电负荷的分布不均衡、季节周期不匹配的问题，而传统电网主要是为了消纳可稳定出力的能源而设计的。解决这些问题需要从电网规划、技术变革、设备升级、电网改造以及设计规范、技术标准、运行规程乃至市场营销政策的统一等多方面进行系统性的、周期性的协同变革。发达国家提出了智能电网的概念，就是认识到传统电网根深蒂固的结构模式，是无法大规模适应新能源消纳的需求的，必须要经过一个系统化的结构性变革，将传统电网在使用中进行升级，既要完成传统电源模式的供用电，又要逐渐适应未来分布式能源的消纳需求。电网本身的这种变革过程，也是一个需要精心计划和准备，逐步实施且需要智慧的过程。也正是因为电网的这种从少量集中的大主力电源进行远距离大容量输送电方式为主的电网结构，需要演变为以大数量分散的小容量和微容量电源为主，就地生产、就地协同消化的送用电方式为主的电网结构，智能技术的应用，成了突出的要求。如果不使用智能化的控制和管理技术，电网结构就不可能完成这样的结构变迁，而不完成这样的结构变迁，人类大规模消纳新能源的愿望就会成为泡影。

智能电网所需的智能技术，应该是以帮助传统电网尽快进行结构变迁为目标进行应用而得到发展。网络化、微型化、海量化将是适应这种结构变迁的显著的电网设备所需的技术特征；相比之下，片面追求高电压、大容量、远距离的单体化、大型化、集约化则应

该是反其道而行之的,至少是应该被抑制的特征。这便是智能技术适应电网发展需求的本源,也是智能电网为消纳新能源在整体上必须采用的策略。电网设备和用电设备的普遍小型化、智能化,必定带来电网运行控制信息的急剧增长,承载这些信息的数据量出现爆发式的增长也就是必然的趋势。因此,采集、管理这些数据也将成为智能电网必须承担的任务。大数据和智能电网的必然联系也由此建立。

第二节　大数据在电力输送和分配环节的应用

随着电力工业和信息化的融合,智能电网要同时承载电力流、信息流和业务流,成为了世界各个国家竞相发展的新领域。随着大数据成为继云计算、物联网之后信息产业的又一次颠覆性的技术变革,将大数据融入智能电网成为智能电网发展的新趋势。为实现能源安全、经济发展和减少温室气体排放等全球目标,智能电网是全球的基本发展方向之一。无论是发达国家,还是中国等发展中国家,智能电网都是国家或区域能源发展战略的重要组成部分。据介绍,仅省一级电力公司数据服务中心就有上千台计算机用于电网历史数据的保存,耗电量惊人。但是,浩瀚的历史数据却在"沉睡",利用大数据技术,唤醒"沉睡"的数据,为智能分配电量提供坚实可靠的依据,是摆在电力公司面前的一项新课题。

一、大数据在智能电网中的应用

智能电网就是电网的智能化,它是建立在集成的、高速双向通信网络的基础上,通过先进的传感和测量技术、设备技术、控制方法以及决策来支持系统技术的应用,以实现电网的可靠、安全、经济、高效、环境友好和使用安全的目标。其主要特征包括自愈、激励和保护用户、抵御攻击、提供满足21世纪用户需求的电能质量、容许各种不同发电形式的接入、启动电力市场以及资产的优化高效运行。智能电网由很多部分组成,可分为智能变电站、智能配电网、智能电能表、智能交互终端、智能调度、智能家电、智能用电楼宇、智能城市用电网、智能发电系统、新型储能系统等。国家电网已建成了坚强智能电网,这是一个包括发电、输电、变电、配电、用电、调度等各个环节和各电压等级的完整的智能电力系统,其中"坚强"是基础,"智能"是关键。

智能电网的蓬勃发展为相关行业的创新发展打开了新的大门:大规模可再生能源的安全接入,电动汽车及分布式发电的接入;通过需求来响应控制电能消费,促使客户参与电力市场;通过提高全民控制与检测的能力实现高能效、坚强的供电系统;通过网络自动重构避免停电或快速恢复供电(自愈功能)。物联网技术在智能电网中的应用,将深入改变人们的生活和生产方式。在烈日炎炎的夏天，可以通过手机 App 提前半小时打开家里的空调，一回到家中就能享受清凉的感觉。随着智能电网的发展和大数据的应用，这样的生活已不再遥远。

（一）智能电网的特点

与现有电网相比，智能电网体现出电力流、信息流和业务流高度融合的显著特点，其先进性和优势主要体现在以下几方面：

（1）具有坚强的电网基础体系和技术支撑体系，能够抵御各类的外部干扰和攻击，能够适应大规模清洁能源和可再生能源的接入，电网的坚强性得到巩固和提升。

（2）信息技术、传感器技术、自动控制技术与电网基础设施有机融合，可获取电网的全景信息，及时地发现、预见可能发生的故障。当故障发生时，电网可以快速隔离故障，实现自我恢复，从而避免大面积停电的发生。

（3）柔性交 / 直流输电、网厂协调、智能调度、电力储能、配电自动化等技术的广泛应用，使电网运行控制更加灵活、经济，并能适应大量分布式电源、微电网及电动汽车充放电设施的接入。

（4）通信、信息和现代管理技术的综合运用，将大大提高电力设备使用效率，降低电能损耗，使电网运行更加经济和高效。

（5）实现实时和非实时信息的高度集成、共享与利用，为运行管理展示全面、完整和精细的电网运营状态图，同时也能够提供相应的辅助决策；支持、控制实施方案和应对预案。

（6）建立双向互动的服务模式，用户可以实时了解供电能力、电能质量、电价状况和停电信息，合理安排电器使用；电力企业可以获取用户的详细用电信息，为其提供更多的增值服务。

（二）智能电网在中国的发展

我国智能电网也在蓬勃发展，国家电网公司以坚强智能电网承载和推动第三次工业革命，积极开展用电环节的智能化建设。国家电网公司供区的智能电能表应用量占全球的一半，用电信息采集系统成为了世界上最大的电能计量自动化系统，智能电表和用电信息采集系统是坚强智能电网用电环节的基本组成部分。国家电网公司近年来高度重视智能电表和用电信息采集系统建设，将智能用电服务送进千家万户。国家电网公司采集系统成为世界上最大的电能计量自动化系统，它不仅为生产、运营监控分析系统提供实时数据，而且还为大数据管理、云计算应用提供海量数据支撑。

国家电网公司用电信息采集数据的广泛应用，其数量居世界第一、保有量超过全球近一半的用电信息采集数据。国家电网公司将深化智能电能表和采集系统应用，加强电能表双向互动功能和新型通信技术研究应用，制定互动化技术路线，研究完善信息的安全防护方案，构建统一标准的用电信息采集互联互通通信体系，建立完善的运维保障机制，为分布式电源并网、电动汽车充电桩、充换电站管理及智能电网多元化互动功能需求提供技术支撑。同时开展计量装置状态检测，提高采集系统主站性能和数据处理能力，把数据资源作为公司战略资源，实现关键数据共享，探索大数据、云计算等技术应用，在安全生产、经营管理中发挥更大作用。另外，公司将继续推广应用智能电能表和用电信息采集系统，实现专变、公变和并网电源的全采集，逐步构建了购、供、售电量的统一数据平台。

二、大数据在智能电表中的应用

下面列举的一些最佳实践对公用事业管理智能电表数据很有借鉴意义。

（一）访问策略

围绕哪些职能部门可以访问智能电表数据这个问题，信息管理方案需要制定多项政策。公用事业公司将智能电表的大量实时区间数据引入数据库，通过这些数据来了解用户的用电模式。用户可以登录网站来获取数据，从而获悉自己每月的用电量与账单情况。

（二）建立数据库监控政策

建立数据库监控政策决定公用事业公司内部实际评估电表数据的人员。当智能电表日益成为主流，监管机构（如美国州公用事业委员会）将在保护用户隐私权上拥有更多话语权。因此，公用事业公司在制定内部信息管理方案时需要为应对这些法规做好准备。

（三）归档政策

信息管理方案还需制定数据归档政策，以免增加智能电表数据的存储成本。例如，公用事业公司可以设定一个时间段，规定电表区间数据在保留多长时间以后再转移至二级存储，以此来减少存储成本。

（四）元数据

电力公用事业公司采用了一些可靠性指标如系统平均停电持续时间指标（SAIDI）和系统平均停电频率指标（SAIFI）来对系统进行评估。地方当局通常要求签订达到SAIDI和SAIFI等指标要求的服务水平协议，以便在计算用电情况时可以更好地进行评估和定价。

越来越多的客户实现“多表合一”，和水、电、气费用统一出账、一次结清。未来，智能电表的“触角”还将延伸到服务分布式电源并网、电动汽车充电、提供用能解决方案等方面。在智慧城市建设过程中，智能电表将带来更多的智能服务，帮人们开启更加便捷舒适的智慧生活。

三、大数据在国家电网商业模式创新中的应用

随着智能电网的发展，国家电网公司已经初步建成了国内领先、国际一流的信息集成平台，并陆续投运了三地集中式数据中心，拓展了一级部署业务的应用范围，上线运营了结构化以及非结构化数据中心，可以说从规模和类别上电网的业务数据都已初具规模。国家电网的业务数据可分为三类：一是电网生产数据，包括发电量和电压稳定性等方面数据；二是电网运营数据，包括交易电价、用电客户、售电量等方面数据；三是电网企业管理数据，包括 ERP 系统、协同办公、一体化平台等方面数据。在逐渐深入普及智能电表后，电网业务数据的时效性也会得到进一步丰富和拓展。国家电网已经获得了海量、实时的电网业务数据，具备了规模性、多样性、实时性的特征，存在对大数据的存储、分析、管理需求，也有了许多成功的案例。

（一）价值发现——直接影响

国家电网的用电信息采集系统采用大数据处理平台，每隔 15 min 就采集全网省电力用户（规模超过千万户）的用电数据并进行统计分析，效率比小机架关系数据库的解决方案提高了几十倍，而成本仅为传统方案的几分之一。利用收集、处理的用电数据可深入实现客户的用电行为分析、用电负荷预测、营销数据分析、电力设备状态评估等功能。该方案面向业务人员提供了统一的可视化数据分析结果展示工具，还提供增强的实时状态监控和告警。

（二）价值发现——间接影响

国家电网实行“大营销”体系的电力营销建设，建设营销稽查监控系统 24 h 面向客服的省级集中的 95598 客服系统以及业务属地化管理的营销管理体系。公司以分析性数据为基础，以客户和市场为导向，构建营销稽查监控的分析模型，以此建立专属营销的系统性算法模型库，从而发现数据中的隐藏关系，提供直观、全面、多维且深入的电力预测数据，提高企业各层决策者的市场洞察力并能够采取有效的营销策略，优化企业现有的营销组织体系，提高服务质量和营销能力，从而起到改善企业整体营销能力的作用，确保企业、用户、社会经济三者利益的最大化。

（三）价值创造——直接影响

国家电网使用大数据技术协助其运营监测系统的有效运行。运营监测系统中的资金收支管理主要是针对营销的售电数据、财务的资金变动、银行账户等数据进行实时监控，主要包括资金流入、资金存量、资金流出以及应收票据四大功能近 1000 个指标。在

该系统中通过云豹流处理平台的实施，实现了每 5 min 对所有变动数据的指标计算和监控预警，峰值时可处理超过 2 000 万条交易数据。此外，国家电网还将大数据应用在 OA 办公系统中，即协同办公平台，用云计算模式构建虚拟化的统一管理应用，利用分布式大数据存储解决存储压力。

（四）价值创造——间接影响

国网公司通过构建统一的资金调度与监控平台来满足资金集中管理及风险防控需要。该系统涵盖了七大功能，包括银行账户和票据监控、融资和对账监控、收支余监控、资金计划监控和监控分析。省公司与系统各级分公司的业务（包括领用、结存、贴现、应收应付票据购入、银行结算票据等）的信息管理实现了一体化的上线，建立了归集路径清晰的银行账户体系，资金计划全部实现了在线审批和全程监控，包括纵向申报、审核、汇总和下达，银行账户的开立、变更和撤销等。

（五）价值实现——直接影响

国家电网提供发电、传输、配电等业务时，在电动汽车领域建设运营充换电设施，在城市轨道交通领域做好配套供电建设，并积极开展智能电网建设。随着大数据应用的日渐深入和足够成熟，国家电网会将其直接应用到新型产品中。

（六）价值实现——间接影响

国家电网开展智能电网建设，为居民、商业用户提供智能用电服务。智能电网本质上就是大数据在电力行业中的应用，获取、分析用户信息以此来优化电力生产、传输、分配情况。同时智慧电网中的互联设备，也需要大数据技术及相关应用来确保其工作的有效性。

国家电网作为电力行业的领先企业，是大数据在国内电力行业应用的先行者，可以在更大程度上发现知识、信息，确保良好的数据运维，并具备良好的条件和基础。目前在价值发现和价值创造这两阶段已有了较为成熟和领先的大数据应用案例，但是在最为深入的价值实现阶段，国家电网的大数据应用还处于试点应用阶段。随着时间的推进、技术的发展和大数据应用的不断成熟，国家电网完全可以立足于数据运维服务，挖掘并创造数据业务的增值价值，提供和衍生了多种服务。如果能够合理充分的利用上述数据，对基于电网实际数据的深入分析，国家电网即可分析挖掘出大量高附加值服务，具体包括掌握具体的客户用电行为，对用户进行细分，开展更准确的用电量预测，进行大灾难预警与处理，支持供电与电力调度决策，这有利于电网的安全监控，优化电网的运营管理过程等，从而实现更科学的需求侧管理。大数据的成功运营可以带来新型的数据运维方式，形成了一种新的交付方式和消费形态，并给用户带来全新的使用感受，进一步推动电网生产和企业管理，打破传统电力系统业务间各自为政的局面，从数据分析和管理的角度为企业生产经营和管理以及坚强智能电网的建设提供更有力、更长远、更深入的支撑。

四、智能电网出现的问题

中国智能电网项目所遇到的主要障碍与欧洲的情况类似，主要是与政策、社会或法规有关，而不是技术问题。总结中国和欧洲智能电网项目所遇到的困难，具有很大的价值，可以为我国未来新项目的设计提供帮助。主要涉及以下几个方面的问题：

（一）标准化问题

将成功的开发项目扩展到大规模实施，标准化是其基础。目前的技术方案和设备主要还处于试点项目中，需要研究和开发网络运行的标准化工具，包括具有互动性的连接标准、智能电网设备的互动性标准、电动汽车通信标准、智能电网设备的通信标准、家庭路由器与智能电网应用的互动性标准等。

（二）监管障碍的问题

在新的智能电网应用中角色和责任的不确定性，共享成本和收益的不确定性，这些因素都会造成新商业模式的不确定性，也妨碍了投资。在试验性应用的大规模实施中，这是特别显著的障碍。

（三）监管条例和市场规则的问题

不同的监管条例和市场规则有着很重要的作用，将项目结果从一个国家转移到另一个国家可能会存在很大的障碍。

（四）客户不愿参与试验的问题

探讨如何吸引客户参与，是大家非常感兴趣的话题。

（五）有些新开发的设备不够成熟的问题

所以，与其说是大数据是为智能电网的建设提供的机遇，还不如说是智能电网的发展，必然依赖大数据技术的发展和应用，是智能电网本身的发展变革必然要面对大数据的采集、管理和信息处理的挑战。因此，大数据技术，不仅仅是智能电网某个技术环节所需要的专门性的技术，而是组成整个智能电网技术的基石。这将全面影响到电网规划、技术变革、设备升级、电网改造，以及设计规范、技术标准、运行规程乃至市场营销政策的统一等方方面面，它支撑的正是整个未来新结构的精细化能量管理的电力系统。

第三节　电力大数据系统的开发及应用

目前，传统意义上垂直烟囱式的IT架构和应用构建方式，已经无法适应业务爆发增长、需求快速响应的要求，需要引入新IT架构模式，采用“互联网+”的思维和技术手段，广泛应用以云计算、大数据、物联网、移动计算为代表的信息通信新技术，来改变信息系统的构建方式，建立以微服务架构为基础的共享服务体系，可以解决传统IT架构无法应用的复杂业务问题。

一、实践背景及现状

（一）传统信息化架构面临的问题

随着企业信息化建设与应用的不断深入，业务应用系统面临着企业创新快速发展需要与信息技术转型升级并举的双层压力，以单体结构系统为主的企业信息化架构的弊端越来越凸显，主要体现在以下三个方面：

第一，由于业务的条块化，企业的信息系统以烟囱式单体系统为主，经过若干年信息化发展，目前存在系统数量较多且集成关系较复杂，数据复用程度较低、重复录入，跨系统流程衔接不够流畅的情况，系统亟待梳理公共共享流程、功能、数据等。

第二，由于不断变化的业务需求造成系统功能不断增加，软件逐渐暴露出臃肿化的问题，出现系统响应新需求的周期长、速度慢等特征。

第三，随着企业的不断发展，新的信息通信技术也出现，催生了很多新的业务形态和创新需求，传统的信息化架构无法快速适应和支撑，这个矛盾日趋严重。

这些问题的出现是由于企业组织架构、信息化架构、信息系统建设模式等多方面的因素造成的，但核心的原因是采用独占模式进行信息化建设，需求、数据、软件资源都是独占的。以电网企业为例，在日常生产、经营、管理过程中存在较多的信息系统，如PMS、营销、ERP等，大部分的系统主要是为了满足某一业务部门或者业务领域的业务需求，并没有过多地考虑其他部门和其他业务领域的共享需求。在数据共享层面，各系统都有一份独立的业务数据，就是同一业务管理对象，由于业务需求方的不同，数据关注点和数据的颗粒度也不一样，数据的共享和复用难度较高；在流程集成层面，涉及了跨系统的业务流程只能通过系统集成、数据复制等方式实现，流程衔接和信息传递并不通畅；在技术共享层面，虽然对一些（如统一权限、BPM、数据交换等）技术组件进行拆离，能形成可供企业全局使用的公共技术服务系统，但还有较多的技术组件在各自的系统中使用，会造成较大的浪费；在系统支撑层面，需要独立的软硬件资源，独立的开发团队，独立的运维团队，建设运维投入巨大。

要解决上述问题，需在业务和技术层面打破原有的独占模式，向共享开放的服务模式转变。在云计算迅猛发展的今天，微服务架构也逐渐发展起来，它是以企业传统信息化架构向共享开放的服务架构转变的关键技术支撑。

（二）共享服务体系在互联网企业的最佳实践

在国内外很多企业，尤其是互联网企业，在共享服务方面都进行了大量的探索，并在实际业务应用中得到了很好的应用。国内的典型互联网企业阿里巴巴、腾讯，大型央企中石化、中石油、中国建设银行，国外的亚马逊、沃尔玛都全面采用或者部分采用新的 IT 架构，并从中获益，以共享理念为基础的微服务架构已成为大型企业信息化转型的重要方向。

阿里巴巴经过多年的验证和沉淀，摸索出一套以共享服务为理念的业务架构——企业级分布式应用服务（Enterprise Distributed Application Service，EDAS），为将来公共服务的透明化、应用形态生态化的目标打下了坚实的基础。阿里巴巴启动了中台战略，调整组织结构，构建符合 DT 时代的更创新灵活的“大中台、小前台”组织机制和业务机制，集合整个集团的运营数据能力、产品技术能力，对各前台业务形成强力支撑，使前台的一线业务更敏捷、更快速地适应瞬息万变的市场。阿里巴巴通过将可能在多个应用中公用的业务功能沉淀到专门的共享服务层，让专业的团队对这些共享服务进行维护、升级，并对前端的不同应用提供专业的服务，这样一套体系被证明能更快地进行业务的响应和创新，为业务应用的快速迭代和发展起到了举足轻重的作用。

企业级分布式应用服务是一个以阿里中间件产品为核心基础的企业云计算解决方案。其充分利用了阿里云现有的资源管理和服务体系，引入中间件整套成熟的分布式计算框架（包括分布式应用核心框架、分布式数据化运营、大型应用全生命周期管理等），以应用为中心集成到 EDAS 平台上，帮助企业级客户轻松构建并托管分布式的应用服务体系。EDAS 的主要特点如下：

1. 分布式应用全生命周期管理

EDAS 能够非常方便地帮助企业级客户实现一站式的应用全生命周期管理，其以应用为中心，从创建应用到部署与扩展应用，在真正意义上使得对大规模互联网应用在发布和运行过程上进行全面的管理成为现实。

2. 去中心化的高性能服务框架

EDAS 所提供的分布式服务框架，来源于阿里内部使用的规模最大的中间件产品——高性能服务框架（HSF）。与传统基于企业服务总线的架构截然不同，HSF 服务框架采用了去中心化的系统架构，服务的提供者和调用者都直接相连，这样的系统架构不仅去除了中心单点的风险,还能大大提高调用效率。

3. 全面的基础和应用监控

EDAS 不仅提供了 CPU、内存和 Load 等维度的基础监控指标，而且还提供了针对 HTTP 入口、提供 HSF 服务的调用 QPS 和消费 HSF 服务的调用 QPS 等应用层面的监控指标,以帮助客户更精准全面地对自己的系统进行监控。

4. 弹性伸缩

EDAS 提供了手动和自动两种模式的弹性伸缩。通过全面的基础和应用监控，客户能够轻松实现应用的扩容和缩容。

5. 限流降级 / 容量规划：打造健全的服务化体系

EDAS 提供了一系列的服务治理工具，能够帮助企业级客户打造健全的服务化体系。尤其是针对企业级的大规模互联网应用，使用远程过程调用（Remote Procedure Call，RPC）框架进行系统的服务化改造后，所带来的服务治理的挑战，才是企业级系统服务化的开始。

6. 限流降级

服务的限流是能够帮助客户在面对大促的时候,从容地做到核心业务与非核心业务的区别对待,最大化地在服务的可用性和用户的体验性上达到平衡。服务的降级能够帮助客户很好地规避由于依赖的服务不可用而引发的问题。当依赖的服务出现不可用情况,可以通过自定义的配置规则来确定对应的降级方案。

7. 容量规划

EDAS 提供了特有的容量规划功能，通过自动压测，可以测算出当前系统的容量。同时,也可以通过容量模型(当前系统容量、希望支撑的容量和当前应用机器数等)的建立,能够持续地对系统进行容量规划,这将方便客户在未来流量增长情况下,提前科学准确地预估出应用所需要的机器数。

（三）国网电力共享服务体系建设策略

国网电力共享服务体系建设是在确保不影响业务应用的前提下，按照先易后难和“先分析后事务”的原则,首先构建企业级统一云平台和基础技术共享服务中心,再从外围应用和分析类应用入手，进行服务化拆分和微应用建设，不断积累经验和沉淀公共业务服务，待公共业务共享服务能力基本形成后，逐步向电力生产经营管理的核心系统推进。整体分三个阶段推进：

第一阶段：设计验证及基础建设。开展新一代企业级信息化的柔性架构设计，搭建弹性统一的企业级云服务平台，开展数据统一模型设计和数据全量汇集，并选取典型业务应用进行试点验证,确保技术平台满足未来新信息化架构的技术性能要求。

第二阶段:共享服务中心构建。基于企业统一云平台,继续优化完善相关技术产品,部署新的技术组件，实现了基础技术能力共享服务。同时开展外围系统分析类业务和事务类业务的分离改造，分析类应用先实现服务化、微应用。开展核心业务共享中心的梳理和设计，设计企业核心业务对象的共享中心（如电网资产中心、用户中心等），并逐步完成相关核心业务对象共享中心的落地建设。基于初步建成的核心业务对象共享中心，对外网系统的事务类业务进行微应用改造并上传到云平台。

第三阶段：共享服务中心全面建成应用。持续完善企业核心业务对象共享中心建设，并基于企业云平台应用统一支撑能力和共享服务中心，对核心业务开展应用服务化优化，改造成云平台上的微应用。随着业务应用服务化改造的完成，架构统一、数据统一、应用灵活的柔性信息化架构基本形成。

二、大数据应用开发典型实践

DTBoost 是一个企业级大数据应用平台，其目标是：让业务人员可以快速理解数据，应用数据；轻数据模型设计，重计算模型设计；结构开放，快速支撑数据的应用开发；企业内部共建共享，协同开发。DTBoost 是一种全新的企业级数据应用开发模式，通过 DT 技术运用，将这种模式实现成一套专有云计算平台上数据应用的 PaaSo 通过 DTBoost 可以帮助企业快速实现数据业务解决方案，同时使得业务人员可以直接使用数据。

（一）DTBoost 架构

DTBoost 核心是三层架构体系，包含：接口层、计算模型层、数据模型层。

（二）数据模型

DT 时代需要一个全新的数据模型，它是整个 DTBoost 的基础，要站在业务的视角来设计。同时要提供一套数据模型的管理系统，来方便模型的设计和构建。它包含以下六个核心模块：

1.OLT(Object Link Tag) 模型

所谓的实体，如消费者、商家、商品等都可以表示成一个实体，这些都是可以直接被业务人员理解的。关系，如交易、收藏、点击、搜索等行为都是一个关系，是由多个实体之间发生的某种行为。同时我们会在实体、关系上打上很多标签，来刻画实体和关系。标签是业务人员最容易理解的一种数据形态，标签可以是实体的某种属性，也可以是通过算法深度加工出来的某个评分，或者多个标签组合的一个计算逻辑。

2. 用于 & 权限

DTBoost 可以在标签这个粒度实现权限控制，来确保企业内形成共建共享的数据应用模式。标签可以由多个团队开发，可以发布、授权共享给其他部门查看使用，确保业务应用数据层公开透明。

3. 质量 & 智能搬迁

这里在标签元信息中，DTBoost 会详细记录标签对应物理的存储，当业务方在应用标签时，只用对计算模型进行选择，不用关心数据物理存储，这个模块会根据计算模型的指令，完成底层物理数据的自动关联和搬迁（这里的搬迁是指自动将数据由一个存储搬迁到计算模型需要的存储中），不用数据开发人员再去做物理数据的关联和数据传输任务的配置。

4.API

DTBoost 将数据分类封装成标准的 API，供合作伙伴或者开发者做二次开发。

5.UI

DTBoost 的 UI 通过一个官方标准的交互界面，将底下的一些功能封装，并给用户提供一套统一的操作体验。

6. 标签工厂

DTBoost 数据模型里面非常重要的一部分就是标签，但是标签怎么产生，哪些标签是有效的标签，这个就至关重要。生成标签的方式有多种，可以让数据开发人员根据业务人员的定义，通过 SQL 或者 MR 去一一实现，这个也是不可避免的。但是经过对业务需求的分析，会发现有一部分计算逻辑是非常通用的，为此 DTBoost 为客户提供这部分功能，让业务人员自己就可以实现通用方法的标签加工。同时标签工厂能够对用户屏蔽底层之间的表连接逻辑，用户只需要知道所用的标签含义即可。当在某个时间段内同时有多个标签进行生成、处理、分析的时候，标签工厂可以自动找出这些处理的共同依赖、同一计算等，这样可以节省计算资源，避免某些热门物理表被多次全盘扫描。

三、电力大数据系统的应用

（一）智能运检管控应用

智能运检是以保障电网运行的安全性、可靠性、经济性为前提，深度融合“大云物移智”等新技术与运检业务，构建具备“六化”（生产指挥集约化、监测感知自动化、分析决策智能化、运检现场可视化、作业流程移动化、项目管控标准化）特点的智能运检管控体系，来提升电网设备健康指数与运检作业管控能力。

（二）客户画像全景视图应用

客户画像全景视图应用是通过对用户行为的分析，实现特征点识别，以标签技术实现特征点标记，再结合客户特征标签和用户业务套餐间的关联关系分析，定向匹配多样化、差异化的服务手段，提升客户体验满意度。

1. 建立客户标签库，实现客户群体“超细分”

在营销系统开发客户画像全景视图，并支持在客户统一视图、业务受理时展示，一线员工基于客户特征标签进行需求分析和预判，基于业务策略匹配多样化、差异化的服务手段，使营销服务的精准度、有效性得以升级，提升客户体验。

将客户标签与营销业务的营业受理、电费抄核、收费账务进行了融合。包括提供抄表催费看板功能、风险欠费用户推送功能，辅助业务人员进行电费风险管理，开发营业厅垫付管理功能支持垫付业务，新增支票退票管理功能触发支票退票标签。

客户画像技术是基于大数据挖掘，来汇集客户碎片化信息，利用客户的基础数据、服务触点等信息提炼数据价值，形成了易拓展、可共享的客户标签，不断丰富客户画像内容。围绕客户信用、电费风险、渠道偏好及用电行为四大主题，通过客户细分建模过程的积累和梳理，将有价值的客户细分过程和结果标签化。在社会属性、交费行为、用电行为、信用评价、风险评估和关联行为等维度输出标签几百个，并以客户标签库为基础，配合用户基本属性，建立高综合性、高自由度的电力客户超细分集合，覆盖当地所有客户。根据不同的客户细分市场，配置有针对性的业务策略，形成业务策略库，实现基于大数据的市场化精确营销。

2. 基于 CSC 模型的精准营销策略落地

探索建立 CSC 模型的精益运营管理，通过对客户、策略、渠道三者之间适配关系的深入研究，以客户服务为核心，在与客户的接触过程中，精心设计服务营销场景，再通过特定的渠道精确地将客户易于接受的服务推送到目标客户群，实现标签与业务的深度融合，为营销部门、运营中心、客服部门等提供营销分析与决策支撑，为供电服务向精准营销转型开启全新篇章。

CSC 模型精益运营管理模式通过标签库、挖掘模型等多种手段选取一定规模客户，采取灵活的渠道选择与组合，多触点接触客户。以电费风险防控典型业务场景为例，在客户标签库中选取“潜在高风险”“大客户”“经常逾期缴费”“无电费担保”“租赁经营”等组合标签，再结合地域、时段等客户基础信息，锁定欠费高风险客户群。催费责任人利用客户“偏好”类标签，有针对性地利用“App 偏好”“短信活跃”“电话互动偏好”等不同渠道偏好群体，利用业务策略库匹配相应的催费策略。对目标客户群进行持续跟踪与评估，一是从统计层面的模型评估指标（ROC 索引、K-S 统计量）对标签的精准性进行评估，二是通过客户风险等级的变化、平均回款时长、欠费率变化等业务指标对营销活动成效进行评估。

三、配网规划辅助应用

基于大数据的配网规划智能辅助应用的诞生，系统解决配网规划数据难以获取、分析预测功能欠缺、辅助决策浮于表面、可视化展示层级缺乏层次等问题；有效提高规划管理和设计单位的工作效率及研究水平，保证了配网规划的科学、合理和经济性，提升配网规划设计对国网电力规划的技术支撑能力。

配网规划辅助应用作为信息化支撑配网规划管理和设计研究工作的核心，贯穿配网规划全流程，覆盖配网规划设计全业务，为规划业务和数据的组织提供具有信息化、可视化、交互性和智能化特点的新模式；实现配网规划相关数据资源整合、更新、共享与管控，提供配网相关预测分析功能，提供配网高级辅助决策功能，实现配网投资效益分析、项目优选排序和智能化综合辅助决策，为全国首创 110kV 及以下配网规划辅助应用。

应用利用配网规划相关数据，从地理、时间、用户、网络拓扑、运行情况、外部条件和利益分析等多个维度，对配网规划涉及的数据进行自动抽取，梳理数据逻辑、监测数据质量，夯实配网规划精益化的管理基础，并结合规划实际需求进行多维度组合，按专题开展全局情况诊断分析。以网架和设备为对象，充分考虑了自身、用户、运行、时间、地理、外部条件等，多维度形成配网立体式诊断成果，明确各层级工作范围和重点，全面分析诊断并掌控配网情况。

配网规划辅助应用多层次地满足了规划决策管理执行需求。从初始目的出发，领导层拥有精益化投资决策的依据，体现为项目前评估和后评价；管理层快速定位工作范围和工作重点，体现为配网复合诊断结果；执行层实现快速查询配网细节和标准化设计，体现为多维度查询了解配网情况。

四、运营数据分析可视化应用

运营数据分析应用可视化初步建立起了体系完整、切中实际需求、体验良好、共享开放公司的级监测分析体系，有效支撑电力运营能力和业务发展。目前，运营数据分析可视化应用作为公司运营管理的重要信息化成果，在全公司的省、地、县等各层级开放使用，在公司决策层、专业部门、基层单位中广泛使用。

五、资产精益化分析应用

国网电力资产精益化分析应用基于公司大数据平台及海量业务数据，借助大数据技术，实现财务管理、运营监测等业务领域的大数据分析应用主题建设，提升公司数据价值挖掘驱动业务管理融合及深化应用的能力。资产精益化分析应用主要基于大数据平台进行数据抽取、转换与数据挖掘分析，并基于挖掘分析结果应用展示。

资产精益化分析应用从技术上支撑电力资产业务智能分析决策，能够基于对历史情况的分析和海量数据的挖掘，对未来可能出现的情况进行预测，综合观察、分析和预测的结果，为领导做出科学决策提供信息支撑。

（一）目标设定

建立资产管理业务统一入口，构建全口径固定资产管理、实验设备台账管理一体化的管控平台；基于资产全寿命周期管理要求，逐步深化和完善信息系统支撑功能，实现固定资产管理业务流程全面线上运行；利用大数据、云计算等新技术手段以及财务资产历史数据，加速设备资产相关指标的抽取与计算，逐步建立和完善资产运营分析，对资产经营管理活动预测模拟，为后续资产投资决策提供依据。

（二）建设方案

资产精益化分析应用主要实现全口径设备资产台账基础数据管理、查询、统计，实现重点资产业务协同流程的优化完善，实现资产业务大数据的分析应用。

1. 设备资产基础数据管理

利用大数据的管理平台，抽取全口径的设备资产台账信息。支持全口径或按单位、按类型等多维度、多层次的设备信息快速查询，支持在运营、退役、报废等设备状态信息的查询。

2. 资产业务协同优化

（1）开展资产业务系统问题诊断分析。查找资产业务全寿命过程中资产新增、运行、退出等各环节存在的业务协同断点，并将问题进行归类，通过信息化固化与业务规范手段制定了不同的解决方案。

（2）利用信息化手段来解决当前资产业务管理中的突出问题。针对资产新增业务，实现零购业务线上跨专业集成，财务部门与物资部门线上传递资产卡片、采购订单、采购合同等信息；与 ERP 工作流实时交互，提高流程监控合规率。针对资产运行业务实现调拨流程审批提醒及反馈。针对资产退出业务，优化报废后收入处置工作流，满足资产报废的完整流程管理。

3. 资产业务大数据分析应用

（1）资产业务指标在线计算与展示。利用大数据抓取技术，满足现有资产报表日常查询习惯，为用户提供桌面级的即时查询及用户自定义报表的全新体验。用户利用报表工具既可以制作关注数据的即时查询，又可以制作关注展现的用户自定义报表。明细报表主要包括根据资产归口保管人或者部门列出资产设备明细表、依据资产存放位置列出资产明细、根据资产取得来源明细表、资产分类别明细表、资产异动处置变动表、新增资产明细与金额统计表、各期折旧金额明细表、逾龄资产明细表等。后续可扩展实现报表服务的计划任务、批量处理报表及报表存档功能，提供灵活的报表生成功能。

（2）基于的大数据平台的资产业务智能化分析应用。利用大数据、云计算等技术手段，基于资产历史数据分析，结合数据预测模型，通过设置各类参数，并适当引入固定资产投资决策指标及运用，尝试在企业云平台搭建模拟固定资产最佳更新决策测算、资金受限下的投资决策等功能，使各层级管理人员模拟后续企业经营中资产相关的成本、效益，支持电网资产的投资决策分析。

第六章 气象大数据在电力能源领域的应用

第一节 气象大数据在传统电力负荷领域的应用

现代人在生产、生活中始终离不开电能。随着人民生活水平的提高以及各行各业现代化程度的提高,社会对于电能的需求量不断增大,电能的作用也变得日益重要。

从行业相关来看,气象与电力能源之间存在着非常密切的关系。

首先,电能的需求量与天气有关。夏季高温炎热的天气,人们习惯开启空调或电扇来防暑降温,而温度升高、高温天数的增加会导致耗电总量和峰值电量的增加;冬季低温严寒的天气,取暖电器的使用也使得用电量大幅上升。天气的变化与电力负荷和电力调度关系密切。

其次,供电线路及设备与天气相关。夏季的雷暴天气,可能会引起跳闸或者变压器损坏;大风容易刮断电线、吹倒电线杆,造成线路故障如线路交叉短路;冬季的强冷空气入侵容易出现雨凇,可使电线或铁塔积冰造成负荷超重,导致断线或铁塔倒塌事故,发生断电。

再次,电力线路巡检及设备检修与天气相关。变压器、开关、电缆头等设备检修须选择晴好或空气较为干燥的天气进行,雨天一般不能进行检修。在空气相对湿度较大时,容易损伤变电器。

最后,新型电力能源的开发和利用也与气象有着重要的关系。比如被称为气象能源的太阳能、风能可转化产生电能。这种能量转化过程不会对环境产生过多的负面影响,可以说取之不尽,用之不竭。

可以说,气象的相关影响贯穿了电力能源的规划、设计、运营、投资、调度、安全等各个方面,因此气象大数据在电力能源上的应用也是多方面的。只有深度应用气象大数据,才能更深入地挖掘其在电力能源上的应用价值。

一般来讲,用电负荷根据应用行业和区域的不同,可以分为工业负荷、商业负荷、城市民用负荷、农村负荷等。不同类型的用电负荷具有不同的特点和变化规律,除了受天气变化的影响外，还受社会经济发展、人民生活水平、节假日和特别事件的影响。因此，研究气象因素与电力负荷的关系，需要忽略不可预测的特别事件负荷分量和随机负荷的影响，并将受经济发展影响的基本负荷分量（简称“趋势负荷”）和天气变化引起的用电负荷（简称“气象负荷）进行分离。下文以上海为例介绍气象大数据在传统电力负荷领域中的应用。

一、电力负荷特征

（一）逐日平均电力负荷

从逐日平均电力负荷的变化趋势中可以看出：①电力负荷随时间呈现明显的增长趋势；②电力负荷存在明显的季节变化，夏季高，冬季次高，春秋季较低；③负荷受节假日影响明显，春节、“十一”、“五一”等假期电力负荷显著降低。日平均负荷趋势线方程为：

$$L_t=2.5757d+8771.7 \tag{6-1}$$

其中，L_t 表示电力负荷长期变化趋势（MW），d 表示日序数。

（二）日平均气象负荷率

忽略随机事件的影响，用实际日平均用电负荷（L）减去日平均负荷的长期变化趋势（L_t），就得到日平均气象负荷（L_m），即 $L_m=L-L_t$。但电力调度最关心的是日平均气象负荷和当日趋势负荷的比值，称为“日平均气象负荷率”（L_p），即 $L_p=L_m/L_t$。

由工作日和休息日的日平均气温和日平均气象负荷率可以看出：①夏季日平均气象负荷率最高，冬季次之，春秋季较低；②日平均气温与日平均气象负荷率之间存在显著的相关关系，夏季存在明显的正相关，冬季为负相关；③休息日的日平均气象负荷率比工作日低；④春节、清明节、端午节、中秋节等假日期间气象负荷率就显著降低。

二、电力负荷与气象要素的关系

（一）日平均气象负荷率与日平均气温的关系

气象负荷受气温的影响最大：①当温度 $T \geqslant 25℃$时，日平均气象负荷率为正，日平均气象负荷率随着日平均气温的升高而增加；②当 $25℃ > T \geqslant 18℃$时，日平均气象负荷率为负，日平均气象负荷率随着日平均气温的升高也增加；③当 $18℃ > T \geqslant 6℃$时，日平均气象负荷率为负，日平均气象负荷率随着日平均气温的升高而减小；④ $T < 6℃$时，日平均气象负荷率为正，变化幅度不大。

根据以上特征，按照日平均气温的变化，可将一年分为四个阶段：①盛夏，$T \geqslant 25℃$；②春夏之交（夏秋之交），$25℃ > T \geqslant 18℃$；③秋冬之交（冬春之交），$18℃ > T \geqslant 6℃$；④严冬，$T < 6℃$。

（二）日平均气象负荷率与气象要素之间的关系

①各季节与气象负荷率最密切的气象要素是温度，但与气温的日间变化关系相对较小；②除日较差总是为负相关外，夏半年和冬半年气象负荷率与气温的相关关系相反，且夏季两者为正相关、冬季为负相关；③白天云量与气象负荷率为负相关；④日平均风速与气象负荷率除盛夏为正相关外，其他季节为负相关；⑤夏半年气象负荷率与14时气压为负相关，冬半年为正相关；⑥盛夏降水与气象负荷率的关系不大，其他季节为正相关，但冬季下午降水除外；⑦气象负荷率与日平均相对湿度除盛夏为负相关外，其他季节均为正相关。

（三）逐时气象负荷率日变化及其与逐时气温的关系

气温的日变化规律一般为5时前后最低，14时前后最高，凌晨至14时为逐渐升温的过程，14至次日凌晨为降温过程。研究工作日和非工作日各季逐时气象负荷率的平均日变化可以发现：①逐时气象负荷率的日变化规律与气温日变化规律十分一致，但变化幅度存在季节差异，盛夏季节最大，严冬季节次大，春秋季节最小（两者无显著差别）；②各季节工作日逐时气象负荷率虽然量值不同，变化幅度也有差别，但变化规律基本一致：4～5时最低，7时后急剧上升，11时前后达到第一个高点，12时前后略有下降（可能是午休原因），14～17时维持在较高水平（出现第二个高点），18～19时有所下降（可能是下班原因），20时前后又有所回升，21时以后至次日4～5时呈逐渐下降趋势；③非工作日各季的逐时用电负荷量值普遍比同季节工作日低（一般低10%左右，夏季可达15%以上），在21时至次日11时，与工作日基本相同，最大差别在12～16时逐时用电负荷一直维持在较低水平（盛夏除外），15～20时呈现上升趋势，并出现第二个高点（严冬季节最明显），这与冬季日落较早以及非工作日市民的生活习惯有关。

（四）不同天气类型气温和用电负荷的日变化特征

由以上分析可见，气象负荷主要受温度的影响，特别是盛夏季节，温度的变化幅度较大，而同一季节温度的变化主要的受天空状况的影响。因此可以根据白天天空状况的不同将盛夏季节分为以下五类：第一，全天有降水；第二，仅上午有降水；第三，仅下午有降水；第四，全天无降水，上午阴到多云；第五，全天无降水，上午晴到多云。

下面以盛夏季节为例，对不同天气类型下工作日和非工作日的温度和用电负荷的日变化特征进行分析。

盛夏季节工作日不同天气类型气温和气象负荷率的日变化情况如下：

（1）全天有降水时，最高温度出现在11时前后，随后气温逐渐下降，且日较差较小。

（2）仅上午有降水时，最高温度出现在14时前后，随后气温逐渐下降，日较差也较小。

（3）仅下午有降水时，最高温度出现在 11 时前后，11 ~ 14 时气温基本维持在较高水平，随后气温急剧下降，日较差较大。

（4）全天无降水但上午阴到多云时，最高温度出现在 14 时前后，随后气温逐渐下降，日较差也较大。

（5）全天无降水但上午晴到多云时，最高温度出现在 14 时前后，随后气温逐渐下降，日较差最大。

（6）白天逐时气象负荷率的数值和日变化情况与温度十分类似：上午晴天时负荷率最大，且峰值出现在下午；仅下午有降水时负荷率次大，最大负荷率出现在 14 时前后；白天全天有降水时，最大负荷出现在 11 时前后，下午无明显回升；仅上午有降水和上午阴到多云的情况基本一致，这表明降水的影响并不大，天空状况的影响才是主要因素，变化趋势与上午晴到多云时一致。

第二节　气象大数据在光伏新能源领域的应用

太阳能开发利用是“靠天吃饭”，气象条件的影响贯穿在光伏新能源的前期设计、中期建设和后期运行，必须充分考虑相关影响，以低投入换取高收益。天气和气候都会对光伏电站的投资运营和安全产生影响。气候是指气象要素的长期变化，如旱涝、冬冷夏热等长期变化，主要影响光伏电站的投资安全；天气则是指气象要素的短期变化，比如说晴、雨、沙尘、台风等短期变化，主要影响了光伏电站的运营安全。

第一个层面是气候对于电站规划和投资收益的影响。首先，电站的投资是长期的，气候将会对投资收益产生非常大的影响；太阳辐射的长期变化有地域性的特征，这种地域性特征对未来电站投资运营影响非常重要。其次，电站投资运营必须要考虑气象数据误差带来的不确定性，都必须经过严密科学的分析，才可能对未来的投资、运营进行相对正确的考虑。采用一系列科学方法和准确的数据可以使光伏电站投资风险控制在比较低的水平。

第二个层面是天气变化对电站运营的影响，主要有两个大的方面。一是发电不稳定对电网的影响，最终会使电网对光伏发电产生限电的情况。考虑到影响太阳辐射的相关气象因素作用，比如，持续阴雨天气的影响，阴雨天气下的太阳能辐射只有通常情况下的 20%，对强沙尘暴天气来说也是如此，太阳辐射要削弱 80%，浮尘天气削弱 25%；另外还有高温天气的影响。所有这些影响最终都反映到光伏发电功率的曲线上，导致它的发电非常不稳定，使得电网限电，影响了投资收益。二是灾害性天气的发生将影响电站的运营安全。比如，阴雨、沙尘、高温等都不会对电站产生破坏性的影响，而台风、沙尘暴、雷暴、泥石流等会对电站产生破坏性的影响，甚至直接毁坏电站。

气象基础数据的准确与否将直接影响太阳能工程的效益评估，应该以科学态度对待太阳能资源的测量、评价和预报。目前，气象大数据的应用方面主要包括：太阳能资源评估、光伏能源预产量评估、光伏性能评估和监测、太阳辐射数据的实时服务、光伏发电预测等。近年来，气象部门主要做了以下几方面的工作。

一是历史数据的评估。基于大量的气象站的数据，包括太阳能资源实时监控系统产生的数据，提供太阳能资源的评估。目前主要提供两个数据：第一类数据是基于卫星遥感和地面校准的太阳能资源数据；第二类数据是基于气象站日照观测的太阳能资源推算数据。

二是光伏发电相关气象要素预报和灾害性天气的预警。气象部门目前可以提供未来 3 ~ 7 天的太阳能发电功率预报和灾害性天气的预警。这些预报可以提供太阳辐射、温度、风等要素的报告，为行业提供了一些参考和支持。例如上海中心气象台的太阳能光伏预测服务系统包括数据质量控制、数值天气模式与客观订正方法、太阳能光伏产品数据库和系统管理等部分，提供各类气候地理和天气条件影响下的全国或区域（站点）的太阳辐射和气象要素预测，为太阳能光伏用户提供特色化的定制解决方案。

一、气象大数据在太阳能资源评估中的应用

我国属太阳能资源丰富的国家之一，全国总面积 2/3 以上地区年日照时数大于 2000 h，年辐射量在 5000 MJ/m^2 以上。由于我国幅员辽阔，地形复杂，各地的太阳能资源量存在较大差异。通过考虑大气辐射量、天气状况、云况、日照时数、大气成分等因素，可以对各地太阳能可利用资源量来进行评估，这是典型的气象大数据的应用。

根据中国气象局风能太阳能资源评估中心的划分标准，我国太阳能资源地区分为以下四类。

一类地区（资源丰富带）：全年辐射量 6700 ~ 8370 MJ/m^2。主要包括青藏高原、甘肃北部、宁夏北部、新疆南部、河北西北部、山西北部、内蒙古南部、宁夏南部、甘肃中部、青海东部等地。

二类地区（资源较富带）：全年辐射量 5400 ~ 6700 MJ/m^2。主要包括山东、河南、河北东南部、山西南部、新疆北部、吉林、辽宁、云南、陕西北部、甘肃东南部、广东南部、福建南部、江苏中北部和安徽北部等地。

三类地区（资源一般带）：全年辐射量 4200 ~ 5400 MJ/m^2。主要是长江中下游、福建、浙江和广东的一部分地区，春夏多阴雨，秋冬季太阳能资源还可以。

四类地区：全年辐射量在 4200 MJ/m^2 以下，主要包括四川、贵州两省，此类地区是我国太阳能资源最少的地区。

二、气象大数据在太阳能光伏发电中的应用

太阳能光伏发电系统的发电量受当地太阳辐射强度、温度、太阳能电池板性能等方面因素的影响。其中太阳辐射强度的大小直接影响着发电量的多少，辐射强度越大，可发电量越大,可发电功率就越大。

太阳辐射受季节和地理等因素的影响，具有明显的不连续性和不确定性特点，有着显著的年际变化、季节变化和日变化周期，且大气的物理化学状况如云量、湿度、大气透明度、气溶胶浓度也影响着太阳辐射的强弱。

对太阳能光伏发电预测的研究主要集中在对太阳能辐射强度的预测上。太阳辐射分为直接太阳辐射和散射太阳辐射：直接太阳辐射是太阳光通过大气到达地面的辐射；散射太阳辐射是被大气中的微尘、分子、水汽等吸收、反射和散射后，到达地面的辐射。散射太阳辐射和直接太阳辐射之和称为总辐射，太阳总辐射强度的影响因素主要包括：太阳高度角、大气质量、大气透明度、海拔、纬度、坡度坡向、云层。

太阳能光伏发电预测是根据太阳辐射原理,通过历史气象资料、光伏发电量资料、卫星云图资料等,运用机器学习技术、卫星遥感技术、数值模拟等方法获得预测信息,包括太阳高度角、大气质量、大气透明度、海拔、纬度、坡度坡向、云层等要素,根据这些要素建立了太阳辐射预报模型。

对于光伏发电量的预报,目前常用的有三类方法。

第一类是基于历史资料的大数据统计方法。通过对历史观测的数据资料进行分析和处理,以历史发电量预报未来发电量。一般采用回归模型、神经网络等数学方法,建立光伏发电系统与气象要素相关性的统计模型,从而进行对发电量预测。该方法模型构造及运算方法较为简单,发电量变化较大的时间序列误差较大。

第二类是主要利用卫星遥感技术完成太阳辐射的预测。卫星遥感是指以人造卫星为传感器平台的观测活动，是通过勘测地球大气系统发射或反射的电磁辐射而实现的。高空间分辨率图像数据和地理信息系统紧密结合，为太阳辐射预测提供了可靠依据，但卫星遥感技术获取的小时地面辐射数据与地面观测的辐射数据偏差较大。

第三类是利用数值模拟方法进行预测。该方法是根据描述大气运动规律的流体力学和热力学原理建立方程组,确定某个时刻大气的初始状态后,就可通过数学方法求解,计算出来某个时间大气的状态,就是通常所说的天气形势及有关的气象要素如温度、风、降水、辐照度等。数值模拟预测方法预测的时间较长,目前,可预测 72h 甚至更长时间的数据。

如何在已有的科研成果基础上继续完善、不断改进和探索，找出影响太阳辐射的关

键因素，准确预测，形成多层次、多信息融合的综合预报系统，是我国太阳能光伏发电预测的主要研究方向，气象大数据的应用可为提高光伏发电精度和效率提供有力的支持。

三、气象软件

中心气象台为用户提供精准的光伏气象数据、软件系统和咨询服务。太阳能气象数据和软件系统有助于降低光伏发电厂的成本和技术不确定性、为客户节省资金和增加投资回报率。提供的咨询服务涵盖光伏领域的规划、项目开发、监控、性能评估及预测等环节，主要有：太阳能资源评估及选址、光伏能源预产量评估、太阳辐射和气象数据的实时监测服务、太阳辐射和光伏发电预测等。

太阳能光伏预测服务系统包括数据质量控制、数值天气模式与客观订正方法、太阳能光伏产品数据库和系统管理等部分，可提供各类气候地理和天气条件影响下的全国或区域（站点）未来 72 h 内逐 15 min 间隔的太阳辐射和气象要素预测，为太阳能光伏用户提供了特色化的定制解决方案。

第三节　气象大数据在风电新能源领域中的应用

近年来，全球为保护环境都在减少煤炭使用量，转而用清洁能源来逐步代替，风力发电行业便在这一背景下快速兴起。我国对新能源发展的需求更为迫切，为了实现国家节能减排的目标，我国将继续大力推动对清洁能源的高效利用，并大力开发新能源和可再生能源，风电无疑是其中的一个重要开发方向。在政策的大力推动下，风力发电行业突飞猛进，预计未来风电行业将保持高速增长趋势。我国已经成为全球风力发电规模最大、增长最快的市场。风电行业的各个环节都与气象条件密切相关，主要包括风电项目规划设计、风电场建设、风电生产、风电调度、风机维护、风电技术研究与开发等环节。

一、气象大数据在风能规划和工程中的应用

（一）中国风能

风能利用技术主要是采用大齿轮的风轮对小密度的风能进行转换，但是现有风轮机对于风能的开发利用程度较低，受各种因素的影响，造成风轮机的效率维持在 20%～50%。风的方向和速度具有不确定性和间歇性，电能波动较大，风力机组本身的特性造成得到的电能具有较大的差异性和波动性。我国具有丰富的风能资源，但是在对风能资源的利用上比较受限。由于资源本身比较丰富且难以储存，风能的利用成本远高

于发电环节的成本,因此在蓄电方面受限,对于电力的运用不充分。另外,由于电网的不可调度性及风能的不可控性,无法对风力风电实现行之有效的调度;与此同时,由于部分地区缺乏先进的机组设备,造成了对电力运用受限,加大了调度的困难。

一般来说,偏远地区风能资源比较丰富,但是由于距离负荷中心较远及缺乏网架结构,造成风电不能得到有效的传输。因此,强化网架的结构设计,提高风电运输能力,有助于提高对风电资源的开发利用程度。就目前来看,由于技术受限,因此各地区风能利用率都较低,且电网调度困难,影响电力系统的发展。对此,首先应考虑风电对于电能质量的影响,通常采用异步发电机规避风电单机的影响,直连配电网。丰富的风电资源距离核心用电区较远,电能的远距离传输会造成谐波污染,使得电压闪变风险系数变大。其次,实现对电网的调度和规划,可以最大化地利用现有的风能资源,但是由于风能调峰量具有一定的局限性,制约了对风电的使用率,一旦电网无法实现对功率的有效控制,很容易造成风力注入受阻问题。因此,需要对风电系统进行有效规划,采用适当的电网容量,从而实现电网系统快速发展,同时带动区域经济的发展。

(二)风电场选址

发电风机的有效运行有一定的风速要求,能使风机转动的风速被称为启动风速,各类风机都有一个设计风速,风力达到设计风速时,风机产生最大发电功率。当风速过大,可能破坏风力发电机时,风机必须停止转动。风力发电机组一般在 3 ~ 25 m/s 风速区间可以进行发电,小于 3 m/s 风速风机叶片虽然有转动但是机组仅做无用功,当风速大于 25 m/s 时,考虑风机运行的安全性,需要停机。因此,风电场的设立和运行,对环境风速有着较为严格的要求。

风电场选址分为宏观和微观两个步骤。宏观选址是在较大范围内,通过对若干候选地点的风能资源和建设条件的比较,来确定风电场建设地点。在宏观选址过程中,要综合考虑风的各种性能。如:风能质量好(年平均风速 5 m/s 以上、测风塔最高处风功率密度 200 W/m^2 以上、风频分布好、可利用小时数最好达到 1800 h 以上),风向基本稳定,风速日变化、年变化比较稳定,风速垂直切变较小,湍流强度小,避开灾难性天气频发地等。

风电场的微观选址指的是风力发电机安装位置的选定。根据风电场的具体地形地貌特点,以及风机的排列方式,进一步评估风力发电效益。在微观选址过程中,需要对大气边界层中的风、湍流进行模拟,需要应用大气边界层微气象模型,对运营风功率进行具体测算。

总而言之,风电场的选址和气象条件密切相关。综合应用大数据进行分析,可以为风电选址提供科学支持。

二、气象大数据在风能预测中的应用

风力发电机所发的电能输送上岸后，距离我们的现实生活还有一步之遥，那就是不得不面对“风电并网”的问题，即如何才能汇入可供我们直接使用的电网中。广义上讲，“风电并网”中的“网”指的是包含发电、变电、传输的整个电力系统。风电接入电网要求要安全可控。

作为一种清洁的可再生能源，风力发电优点众多，可是在实际应用中并非一帆风顺。由于风能的波动性和预测的不确定性，接入电网后，存在一定的运行风险。这也是全球新能源产业面临的共同挑战。

由于电网运行中可能会出现一些意外的事故，会造成短时（100 ~ 200 ms）的参数波动。面对这种小波动，风机需要具备一定的抗干扰能力，才能继续保持稳定供电。然而在我国的风力发电历史上，曾经发生过一些大规模风电脱网事故。经过对事故的分析调查，发现主要原因是风机的低电压穿透能力不合格。

近年来，风电机组的装机量屡创新高；如何更高效地消纳风电，成为风电业界关心的焦点。主要规避风险方法可以是发展储能技术或者实时风电预测。假如风电场之外的电网发生故障，储能技术可以在最短的时间内提供电压的支撑，从而有效地保证电网运行的平稳性，但目前还没有一种经济有效的储能方法，世界各国都在积极探索更好的储能技术。

风预测系统可以对风电场的发电功率做出短期至中长期的预报，为电力系统实时调度提供依据。以前，人们对风电的利用充满了随机性，完全处于“等风来”的状态，非常被动。风力发电自身的波动性和不确定性也会给电网的安全稳定运行带来不利影响，而风功率预测技术正是解决这一挑战的有效工具。风功率预测技术是根据风电场基础信息、运行数据、气象参数以及数值天气预报等数据，建立数学模型，对单个场站或区域场群于未来一段时间的输出功率进行预测的大数据应用技术。它将未来的风电出力在一定程度上量化，为“实时平衡”提供决策依据，有效支撑了电网的调度。

中国电力科学院建立了国内首个面向电力生产运行的电力气象预报与发布中心，与气象领域的国际机构建立了长期的合作关系，针对风电场所在区域地形和气候特征，定制了高精度的数据产品。风电工程师研发了在 0 ~ 72h 内的中长期风功率预测和 0 ~ 4h 的超短期风功率预测系统，时间分辨率为 15 min。风电并网实现了初步的可预报、可调控，能为电力系统实时调度提供依据。

三、风电新能源并网技术

（一）风电新能源与并网技术分析

1. 风电新能源的特点

第一，风电能源设备具有较大的体积，其尺寸比水轮机尺寸大十几倍，但是对其利用率却仅为水轮机的 20% ~ 50%；第二，由于风的方向和速度具有不确定性、随机性和间接性，换言之，风力不够稳定，很难对风力发电进行有效调控；第三，纵观国内风力的发展情况，国内风电场的地理位置距离电负荷中心较远，薄弱的网架结构使得电网不能得到有效的传输，造成了“有电无处送”的被动局面。

2. 并网技术分析

第一，仿真技术。通过建立电网模型，对整个系统的相关数据进行有效统计并建立相对应模型，对风力发电系统运行过程进行模拟，可以帮助相关技术人员宏观把握系统的缺陷和不足，最大化地提升了整个电力系统的适应性和稳定性。目前国内部分风力发电地区以真实数据为依据建立比较完备的仿真模型，降低系统误差，保证并网系统的需求，促进电力系统、风电能源的发展和进步。

第二，试验检测技术。借助试验方法获取风电并网的整体性能参数，最大化地提升整个风电机组的安全性能。通过对现场电能的质量、有功或无功调节能力等因素的检测，实现对风电并网性能的检测评价，确保建立更加全面化的试验检测平台，提高系统的稳定性、准确性及科学性。

第三，电力调度技术能够有效提高电力系统的可靠性。通过借助风电功率预测技术确保整个系统的稳定性。目前国内多数风能发电企业主要是采用时序递进的方法，尽可能地降低由于风能本身因素影响风力发电的概率，最大化地提升系统的科学性和合理性。

第四，风电功率预测技术。可以根据天气预报等相关信息实现对电功率的有效预测，通过大量数据统计进行数字模型的建立，能够更好地展示当前风电波动的规律，帮助技术人员更好地规避众多不利因素的影响，实现对风能的精准化控制，以便对风能更好地控制和利用。

一般来说，风力发电机组并网会依靠同步或异步手段，前者具有较好的并网技术，但是受风能自身特点的影响，整个系统的稳定性难以保证；而后者会在一定程度上可以规避同步并网技术的缺陷，降低系统设置的复杂性，能够有效避免发电机组的震荡和失步等问题。从当前的实际运用来看，可以采用异步并网技术保证系统正常运行。

（二）风电并网对于电网的影响意义

1. 对于电网调度造成的影响

传统的网络配置和网架结构被设置在比较宽阔的位置，但是后期维护难度较大。部分企业由于后期大量运营资金的缺乏，造成了传统电力系统的智能化水平较低，制约着风电并网的发展。虽然有部分区域对传统电网进行优化升级，但是仍然不能满足现有的用电需要，而且随着当前用电需求的加大和诸多问题的涌现，造成了一定的供电压力，这就会在一定程度上影响经济的发展。与此同时，受风能储存条件等因素的制约，加大了对电网调度的难度，影响了人们的日常用电。

2. 对于电力系统稳定性造成的影响

电力系统遭受干扰会形成诸多问题，特别是机电振荡会在一定程度上影响整个电力系统的安全性和稳定性。一般情况下，励磁系统能够分成励磁的功率单元与励磁的调节器。该系统是整个电力系统最关键的一环，一旦出现干扰就会给系统造成不可估量的影响和破坏。

3. 对于电能质量的影响

风力发电并网产生谐波影响，主要是由于逆变器和风力电源接通后造成的，会对整个供电系统的电能质量造成一定的影响。当前国内采用的软并网技术实现风电并网，会产生较大的冲击电流，一旦超过切出风速，就会使得风机不能在额定状态下运行，还会影响电能质量。同时，随着风电容量的加大，会增加并网的压力，会在不同程度上出现电压波动与闪变，严重影响并网电流，导致馈线附近电压出现剧烈变动，会直接影响发电机组设备。并网后电网的电压变大，采用的异步电机形成的旋转磁场造成无功功率损失。功率的分布方式在一定程度上会给电网的电压造成干扰，影响电能的质量。风电场注入电力系统的动态无功电流 IT 应满足公式如下：

$$IT \geqslant 1.5\times\ (0.9-UT)\ IN,(0.2 \leqslant TU \leqslant 0.9) \quad (6\text{-}2)$$

式中：S_{k1} 为公共连接点的最小短路容量，MVA；S_{k2} 为基准短路容量，MVA；I_{hp} 为第 h 次谐波电流允许值，A；I_h 为短路容量为 S_{k1} 时的第 h 次谐波电流允许值；U_T 为电压标准值；IN 为额定电流值。

（三）风电并网技术

为保证风电系统的稳定运行，需要对风电并网进行仿真、功率预测、优化调度及试验检测，从而完成对电网的优化调度，实现风电的优先消纳。

1. 风电并网仿真

为保证整个电力系统正常的运行，需建立完备的仿真系统。当前风力机组型号较多、差异性大，因此建立具有通用型的仿真模型十分困难。与此同时，随着电力系统大规模的发展，造成了现有仿真模型不能满足当前需要，给当前风电并网造成诸多困难和挑战。

具体来看，包括以下几方面的问题：第一，现有电磁暂态模型不能有效地运用到大规模电力系统的机组仿真中；第二，当前机电暂态模型并网的精度不能满足现有的需求，并缺乏一定的试验模型和数据；第三，现有的风电开发商主要是采用黑匣子模型，不易得到有效维护。为解决这些问题，需要对机组进行通用化的建模，实现对整个系统电力参数的实时检测和辨识，实现对电力系统的准确模拟。

2. 风电功率预测

风电功率预测技术，可根据当前获取的风能情况数据，建立健全的风能功率数学模型，实现对风能有效的预测，对未来风能进行预知，最大化地降低风能的不确定性和间歇性问题，以确保风电消纳。一般将预测进行时间尺度的划分，可分为超短期、短期及中长期的电能预测。其中，超短期预测是完成低于四小时的电能数据预测；短期则是对三天内电能情况的预测，将天气预报的数据作为输入数据，实现对电力系统调度的优化设置。短期预测主要是借助于统计和物理两种方法，目前将两种方法结合使用是最为常见的预测技术。

3. 电力调度

当前，风电优化调度是在满足电力系统能够长期稳定运行的前提下，根据现有风电运行的情况实行一定的风电预测。为实现电力的优化调度，中国电科院研发了我国首套风电优化调度计划系统，能够降低由于预测的不确定性造成整个电力系统的运行风险，有效解决了由于风电问题造成的安全消纳问题；利用电力的调度计划模块能够完成对风电科学的有序运用，实现对风电新能源的优化调度。

具体来说，是在原有电网运行方式上对电网各个节点的电力负荷情况来进行预测，实现对电源的调节及对潮流的约束，同时可以对机组和设备进行检修，对电力系统的安全边界进行有效调节，经过优化计算出当前的电力情况和接纳情况。但是为实现风电的最大消纳，需通过调度计划（周、日内和日前）避免由于不确定的预测造成的运行风险等问题。一般来说，周优化的目标主要是考虑风电功率、负荷以及电网安全的预测，提高整个电力系统的经济效益。周优化主要是高精度实现对日电力的高效预测，实现时序递进的能源并网运行，增加风电消纳空间。

4. 试验检测及相关技术

通常来说，风电并网检测主要包括两种：一种是并网式试验，另一种是并网检测。前者主要检测五项内容，即对风电机组低电压穿越能力、电能质量、适应性、调节能力的检测及电气模型验证；后者主要是涵盖四项内容，即对风机组低压能力、风电场控制能力、电能质量的检测及对风电场并网性能评价。目前，我国风电机组型号较多，因此建设比较完备的检测平台是当前的工作重心。为有效解决现有电网扰动影响机组的模拟和试验机组的重复性等难题，研究人员提出一种基于阀控技术的电压跌落发生的方法，可以有效解决当前由于低电压穿越特性高效试验检测问题；为有效解决在线式高精度谐波电压频发问题，当前我国自主研发了电网的模拟装置，其采用高低频的独立运行系统及变流技术，提高机组电网的适应性；为有效提升风电机组的灵活性及通用性，美国研究建立了一种灵活的风电试验平台，首次实现了对试验机位的重复利用与共享，满足当前对于机组检测的大多数需求。

与国外相比，国内电力系统的试验装置技术尽管起步较晚，但是依旧取得了骄傲成绩。我国建立的张北风电试验基地完成对新能源的并网，是世界上规模较大的且具备所有检测功能的风电试验基地，为多家风电机组制造商提供一系列的技术研发服务和试验检测服务，其在我国新能源领域中具有里程碑的意义。

（四）风力发电未来发展趋势

1. 风力发电未来发展总体趋势

第一，现有的风能资源可以利用集中开发模式实现新能源发电系统的大规模发展。同时，为实现电力系统的多元化发展，国家能源局和电网公司发布诸多通知和意见，在促进电力系统集中式开发的同时，实现了电力分散式发展。

第二，当前陆地风电新能源技术发展较快，而作为近年来领域内关注的重点——海上风电新能源亦得以快速发展。依托于海上充足、稳定的风力资源，可以确保机组运行稳定，满足电力的生产需求。

第三，尽管当前风电单机成本在不断降低，但是整个系统的运行成本却逐年增加，造成风电新能源系统的运行成本也在逐渐增加。通过诸多技术的发展和进步，可以在一定程度上缓解由于运行成本提高造成的发展困境，并且为接纳新能源发电，可以利用更多的备用电源，提高电力系统的灵活性和扩充容量，实现整个电力系统的快速发展。

2. 风电并网技术发展趋势

第一，对于风电并网技术来说，通过对该技术的不断创新，可以促进风电新能源大规模的并网及远距离的电力传输，利用分布式接入的需要，实现风电能源高效的运用，同时保证电力系统的安全稳定运行。

第二，风电新能源朝智能化的方向发展，逐渐实现可视化和实用化，借助于实时电力系统状态的仿真，实现电力状态的预警和控制。与此同时，可对风力状态进行实时监测，完成对整个电力系统的分析和评估，通过全方位技术的优化，大幅度提高风电系统的应用水平。

科学技术的发展，促使电力行业快速进步。风电新能源给社会发展带来了极大的帮助，但是大规模的风电并网也给电力系统带来了巨大的挑战和问题。随着风电并网技术的不断发展，提升电力系统的稳定性和安全性是当前研究的重心。在此基础上，应加大研发力度，在电力系统优化调度及并网预测和仿真技术上进行研究和突破，为保证电力系统的安全运行奠定坚实的基础,同时也能够有效解决风电并网的发展所带来的诸多问题,对促进电力行业的快速发展具有关键性的作用。

第七章 基于大数据挖掘技术的火电机组运行优化策略

第一节 电厂大数据检测与预处理

一、检测及预处理的意义

（一）电厂大数据现场特征

在实际生产运营中，火力发电厂大数据实时、完整体现了生产周期内厂站各运行参数值的波动变化，除具有“3V3E”的大数据特征外，还具备以下现场特征：

1. 复杂性

火力发电机组工作机理复杂，涉及单元设备、热力过程较多，因此电厂大数据来源多样，类型复杂，囊括数值型、文本型、逻辑型等诸多类型，数据具有复杂的非线性特点。

2. 高维性

作为多参量协同作用的生产系统，火力发电系统本身待测参数众多，且随着测量技术、存储技术的不断发展，多测点冗余测量技术得到推广应用，传统技术难以测得的参数也能通过多点测量得到准确数值。因而，电厂控制系统的测点逐步增多，600MW 机组的监控测点有 6000 ~ 7000 个，1000MW 机组的监控测点多达 15000 个，参数量越来越多，数据增长呈现高维发展趋势。

3. 瞬态性

火电机组的生产过程由一个个动态过程衔接而成，没有绝对的静态过程，即使常说的稳定状态也是动态平衡过程的一种体现。各参数值均是当前环境、工况下各运行参数的瞬态反映。火电厂站生产运营环境易受外界约束条件、内部扰动因素的影响，均会造成各运行参数值的不断波动、瞬态变化。

4. 高误性

在火力发电系统中，各测量设备、传感器件的工作环境复杂、恶劣，现场长期高温、高腐蚀,振动频繁、噪声污染严重,这些均对数据的测量、记录、传输、存储造成侵扰,导致火电厂大数据中随机误差产生频率较高,噪声值、遗失值及不一致数据较多。

5. 持续性

由于火电机组的持续生产性,其生产运行数据具备天然的持续性,以一定频率源源不断地被采集、传输、存储,且数据量难以确定,与测点数正相关,这就要求保证传输通道的通融性、存储机制的稳定性。

(二)电厂大数据质量分析

针对一个数据集群的质量进行分析,须对其精确性、全面性、同步性、实时性、可靠性以及可理解性等一一进行探讨。

1. 精确性

由电厂大数据的高误性可知,厂站运行初始数据的准确性难以得到较好保证。由于工作环境恶劣、边界条件的骤变、突发因素的扰动均会造成参量数值的瞬态波动,传输环节的交互误差、信道噪窗也会影响参量数值的精确性,同时也需考虑测量仪器读数误差的影响。

2. 全面性

工作环境的恶劣,在一定程度上会增加数据采集设备的故障发生率,从而导致遗失值的产生。此外,已修改的数据、相互矛盾的数据均可能因被忽略而导致遗失,而遗失值的增多会导致数据全面性、完整性的不足。

3. 同步性

火电系统各单元设备具有不同的惯性与延迟度,各热力过程环环相扣,各子系统首尾相连,一个子系统的输出量是其后子系统的输入量,细微的时间差导致各运行参数间的时间延迟度的不一致以及波动的不同步,加上数据采集设备可能存在的读数同步偏差,给电厂大数据的同步性造成不利影响。

4. 实时性

随着智能控制、信息技术的不断更新,火电厂站数字信息化水平显著提升,运行数据的实时监测功能已基本实现。

5. 可靠性

由于运行数据的记录对象为火电机组各运行参数,理论上不会有记录对象漂移的现象发生,除部分遗失值、噪声值外,均可准确反映机组运行状况以及设备工作状态。

6. 可理解性

可理解性即运行数据是否可被理解,潜在价值是否便于挖掘。火电机组性能由各运行参数协同影响,各参数值间相关性较高。但由于运行数据的高维性,信息价值较为分散,数据密度较低,给关联规则的挖掘、潜藏知识的理解增添了一定阻碍。

综上所述,电厂初始运行数据的质量不甚理想。由于噪声值、遗失值、波动不同步现象等不可避免地存在,引起电厂初始运行数据准确性、全面性及同步性得不到根本的有效保证,进而导致其可理解性的降低。低质量的初始数据将直接导致后续工作中低质量的价值挖掘与知识描述,若要获得高质量的挖掘结果,必须要对电厂初始大数据开展初步检测和预处理工作。

（三）电厂大数据准备处理流程

为提高挖掘对象,即厂站初始运行数据的质量,有效减少噪声值、遗失值、波动不同步等的一些负面影响,进而挖掘出高质量的价值结果,需要对初始数据进行检测和预先处理。

数据检测主要包括对运行数据的稳态检测和一致性处理。由于非稳态数据波动频繁、幅值较大,不能准确反映机组当前工况下的性能状态,因此需要将非稳态数据从初始数据中剥离,对提取的稳态数据进行重点分析。一致性处理主要针对由于机组各单元设备惯性不一致而造成的各运行参数时间产生的延迟度不一致问题,通过一致性处理,能够有效改善各运行参数波动不同步现象。

数据预处理主要包括数据清洗、数据集成、数据约简及数据变换等。数据清洗的对象是遗失值、噪声值以及离群值,通过识别、甄选、剔除、补充等清洗手段将原先的“脏”数据转化为“干净”数据。数据集成主要解决数据冗余问题,参数间的强相关性及命名方式、数值单位的不统一均可能造成数据冗余,数据集成通过对来自多源数据的融合,减少或消除冗余现象。数据约简指在保持初始数据信息量完整的前提下,通过数据压缩、属性简化等手段将初始数据的规模变小,节省挖掘的资源消耗。数据变换则有利于以挖掘为目的,将初始数据进行变换、离散化处理使其统一。值得说明的是,数据预处理的流程并不是固定的,顺序先后没有严格的规定,并且可以多次循环进行某一种或多种操作,如可在数据约简、数据变换之后再进行一次数据约简,以保证初始数据的精简程度。

二、电厂大数据检测

（一）运行数据的稳态检测

在实际运行中,火电机组在启动时需要较长一段时间才能从零负荷升至额定负荷达到稳定运行状态,在升负荷的过程中各运行参数急剧变化,停机过程也是如此;受环境温度、煤质特性等边界条件的影响,若外界约束条件产生突变,机组的稳定状态将会被打破,各运行参数均会产生一定程度的波动影响;由于我国的电力架构以火力发电为主,火电机组承担着较重的调峰调频任务,所以经常需要变负荷以配合电网的调配。在承担变负荷任务时,机组由原先的稳定负荷状态过渡到另一个稳定的负荷状态,其中的过渡过程属于非稳定状态。因此，在整个运行周期内，火电机组有很大一部分时间处于非稳定状态。

在外界约束条件和内部扰动因素的综合影响下，机组绝对的稳定状态几乎无法达到，因此，这里所述的稳定状态均是相对非稳定状态而言。机组处于稳定状态时，细微的扰动引起运行参数细小的波动被认为是正常现象，符合统计分布规律，可参与热力性能计算，用于模型建立和系统辨识，真实反映机组的运行性能；当机组处于非稳定状态时，各因素扰动加剧，运行参量变动频繁，波动幅值较大，导致参数间波动不一致性更为明显，已不能通过热力性能的计算客观反映机组的即时状态。因而，热力性能计算要求机组处于稳定状态，非稳定状态下的运行数据对于热力性能计算不具备有效性。

而厂站初始数据库内的电厂大数据是针对机组的运行全方位周期进行无遗漏、无差别记录的，完整储存了机组启停、边界条件突变、变负荷时的运行数据，包含相当数量的非稳定状态数据，若对其不进行甄别、筛选就加以利用、分析，将不能准确反映机组的稳定运行状态，就会影响计算结果的可信度、真实度，进而导致对机组运行动态过程判断的偏差，增加误判率。

因此，为了保证热力计算与性能分析的准确性、可信性，确保模型建立和系统辨识的真实性、可靠性，需要对稳态数据和非稳态数据加以区别，针对海量运行数据进行稳态检测，从中提取出稳态数据作为分析研究的对象。在稳态检测研究领域，常用的方法有基于统计理论的 CTS（组合统计检测）法、MTE（置信度）检测法，基于变量方差计算的方差检测法，基于稳定因子计算的 ASF（面积稳定因子）检测法，基于趋势提取的小波分析检测法、自适应多项式滤波检测法、神经网络检测法、模糊集检测法、分段曲线拟合检测法、权值自适应修正检测法，基于多参量分析的不确定度检测法、聚类检测法等。由于稳态检测理论体系尚未形成，火电机组实际运行中扰动频多，且以上检测方法的准确度很大程度上取决于相关参量、阈值的设定，因而以上检测方法较少运用到火电机组实际数据的稳态提取中，这些方法仍需进一步的完善方能应用于复杂多变的厂站实际生产分析。

在火力发电厂大数据的稳态提取中，稳态判定标准经过多年的研究、讨论，已逐渐趋于统一。下面将汽轮机主蒸汽压力参数作为判定机组是否处于稳定状态的关键参数，针对主蒸汽压力参数，利用如下公式进行判定：

$$\sum_{i=t-d}^{t}(p^{(i)}-\overline{p})^2<\xi \tag{7-1}$$

式中：$p^{(i)}$ ——时刻 i 对应的主蒸汽压力参数值；

$\overline{p}$ ——时间段 $[t-d,d]$ 内所有主蒸汽压力参数值的平均值；

ξ ——设定的阈值。

式（7-1）表明时间段 [$t-d,d$] 内所有主蒸汽压力参数值与平均值的差平方和需在一限定范围内，即该时间段内主蒸汽压力参数值在一定范围内浮动，大体趋于稳定。

机组负荷值是判定机组是否处于稳定状态的重要标准，在实际运行中对负荷的调节值、目标值以及实测值进行分析比较，将三个数值的接近程度作为判定依据。需要在控制系统及辅机设备正常运行的前提下进行稳定状态的检测，以机组负荷实测值及主蒸汽压力为主要判定参量，判定公式如下所示：

$$\frac{p_{\max} - p_{\min}}{p_e} < \delta \tag{7-2}$$

式中，$p_{\max}$，$p_{\min}$——时间段 [$t-d,d$] 内参数最大值及最小值；

p_e——额定值；

δ ——设定阈值。

由于实际运行时，机组各参数受外界约束条件、设备磨损老化等影响，可能达不到额定值，因此式（7-2）需针对性地做出改进，建议对 p_e 进行修正、调整。

综合以上稳态判定的研究，我们在稳态数据提取时，需要综合考虑外部约束条件的影响，提出方差阈值判断法进行运行数据的稳态判定，以机组负荷、主蒸汽压力、主蒸汽温度等重要参考量作为主要判定对象，当以上参量均在一合理范围内波动时，可认为机组已处于一稳定运行状态。采用式（7-1）改进后的如下公式进行判定：

$$\frac{1}{n}\sum_{i=t-d}^{t}(p^{(i)} - \overline{p})^2 < \xi \tag{7-3}$$

式中，n——时间段 [$t-d,d$] 内样本数量，即 $p^{(i)}$ 数量。

式（7-3）用方差代替原公式（7-1）中的偏差平方和，则在设定阈值时无须考虑样本数量，即可统一设定。通过固化阈值，提高判定标准的通用性。其中阈值依据基于能耗敏感因子计算所得的参量跃动界限进行确定。

相比传统界限由工程试验及运行经验确定，主观性较强，计算界限由能耗敏感因子客观计算确定，可信度更高。按照方差阈值判断法针对运行数据进行稳态提取。

（二）稳态数据的一致性处理

作为具备大延迟、大惯性特点的连续生产系统，火电机组的各单元设备、各热力环节也相应地具备各自的质量惯性、容积惯性以及热惯性，导致对应的运行参数的时间延迟度难免有所差别。表现在数据层面，即为各参量数据在时刻上略有参差，两个本应在同一时刻出现的数据在运行数据库里可能相差了一小段时间，没有实现绝对对齐和实时同步。随着测量方法、传感器技术的不断提升，各参数时间延迟度的差异已被逐步缩小，尤其是在稳定状态下可近乎忽略，但为了保障各参数波动的一致性，确保科学研究的严谨性和性能计算的真实性，仍需对其加以考虑。

关于数据的一致性处理有两类方案：一是通过理论研究和运行试验，确定各单元设备的时间延迟度，对每个参量的延迟度进行时间修正，实现各参数实际意义上的实时波动同步；二是针对稳态数据在一定时间段内求其平均值，用平均值代替若干个原始参量值，一定程度上抵消了延迟度差异所造成的负面影响。其中，方案一从理论上分析，如果条件允许、操作得当，确实可以将各参数时间延迟度修正到统一时刻，但是试验烦琐、覆盖面广、波及参数众多。若外界约束条件发生改变或机组设备进行维修调整，试验需要全盘重复以保证各参数延迟度的实时性获取，对经济、时间以及人力的耗费过大，而且可能会影响正常运行生产。方案二操作简单，便于推广，但直接用平均值代替若干个初始参量值，在客观上造成了样本密度的降低，也减小了初始数据的信息含量，不利于后续的数据分析。

综合两种方案的优势与不足，鉴于电厂大数据的数据频次快、样本密度高，这里借鉴方案二的平均思想，利用移动平均法对各初始数据进行移动平均处理，在改善各参数稳定状态下波动一致性的同时，可以保持原有的样本密度，充分利用了初始数据的信息资源。

以联合循环机组燃气轮机功率值及排气温度的部分数据为例，采用移动平均策略进行波动一致性处理，由于两参量基本处于负相关关系，因此两者波动趋向处于逆一致关系，也属于广义的波动一致性，通过处理前后图像对比，可知一致性处理后两参量的样本密度没有发生改变，波动趋向一致性更为明显。

三、电厂大数据清理

（一）遗失值的处理

1. 常用遗失值处理方法

由于样本采集、数据传输、信息记录等的误差、故障以及修改值的忽略均会造成遗失值的产生，如果无视样本之间遗失值的差异而直接进行数据分析，那么将会造成分析结果的误差，因此需对遗失值进行适当的处理。常见的遗失值处理方式有：①直接舍弃法，如果某样本中有参数值缺失，则需要删除该样本；②手动替换法，遗失值较少时，比较适用，且操作简便；③常量替换法，针对遗失值，用统一的常量作为其参数值；④平均值替换法，采用平均值作为遗失参数值；⑤预测替换法，利用预测技术，根据相关参数值确定对应的遗失值。

在电厂大数据的遗失值处理中，针对以上方法进行评述。①直接舍弃法：由于厂站运行数据本身体量较大，因而其遗失值相应较多，如果采用舍弃法，一律删除该样本，那么该样本的其他未缺失的参数值得不到合理利用，就会造成大量信息资源的浪费；②手动替换法：厂站运行数据量大，相应的遗失值量也比较大，如果均采用手动替换，一方面人力资源消耗太大，另一方面人力资源的增多不可避免地带来随机误差的增加，因此该方法不太适用于电厂大数据；③常量替换法：采用统一的常量对遗失值进行替换，表面上将遗失值补齐，但是实质上却忽略了样本间的差异性，没有将参数遗失值的差异体现出来；④平均值替换法：与常量替换法类似，未能体现出样本间遗失值的差异性；⑤预测替换法：采用适当的方法客观预测出遗失值，有较强的可信度和准确性。因此，在电厂大数据的遗失值处理中，预测替换法最为适用。考虑到神经网络处理大规模数据体现出来的良好效果，因此一般采用神经网络算法对遗失值进行预测。

2. 神经网络

人工神经网络是根据人脑思维抽象而成的非线性计算系统，通过节点间权值的动态调整进行自主学习，具备强大的计算能力、泛化能力和容错性，已广泛应用于各领域中的数据预测。BP（Back Propagation，反向传播）神经网络是应用最广泛的一种人工神经网络。BP 神经网络的构成层级可分为输入层、隐层及输出层，若干个节点（神经元）分布在每一层中，输入层及输出层节点个数由预测对象决定。层之间存在传递函数 $f(x)=\dfrac{1}{1+e^{-x}}$，节点之间存在权值 $w_{ij}(t)$ 及对应的阈值 $\theta_j(t)$，$O_i(t)$ 为上层 i 节点的输出，$U_j(t)$ 为本层 j 节点的输入。则有：

$$U_j(t)=\sum_{i=1}^{n}w_{ij}(t)O(t)+\theta_j(t) \tag{7-4}$$

根据传递函数 $f(x)$，可计算出 j 节点的预测值为：

$$y_j'(t)=f(U_j(t)) \tag{7-5}$$

以 $y_j(t)$ 为 j 节点的期望值，则期望值与预测值的误差为：

$$e_j(t)=y_j(t)-y_j'(t) \tag{7-6}$$

在 BP 神经网络中，节点的预测误差定义为：

$$E_j(t)=\frac{(e_j(t))^2}{2} \tag{7-7}$$

则本层节点的总预测误差为各节点预测误差的加权：

$$E(t)=\frac{1}{2}\sum_{j=1}^{k}(e_j(t))^2 \tag{7-8}$$

$w_{ij}(t)$ 为 t 时刻的权值，根据梯度下降法，针对预测误差结果，按照

$$w_{ij}(t+1)=\alpha w_{ij}(t)+\Delta w_{ij}(t) \tag{7-9}$$

对其进行调整，使预测误差在 $(t+1)$ 时刻减小。其中 α 为冲量。

权值的调整需以使预测误差下降最快为调整方向，即需要计算总预测误差函数的方

向导数,根据微分概念可计算得出:

$$\begin{aligned}\Delta w_{ij} &= -\eta\frac{\partial E(t)}{\partial e_j(t)}\times\frac{\partial e_j(t)}{\partial y'_j(t)}\times\frac{\partial y'_j(t)}{\partial f(U_j(t))}\times\frac{\partial f(U_j(t))}{\partial w_{ij}(t)} \\ &= -\eta\times e_j(t)\times(-1)\times f'(U_j(t))\times O_i(t)\end{aligned} \tag{7-10}$$

式中,η——学习率。

对 $f(x)$ 求导,可知:

$$f'(U_j(t)) = f(U_j(t))\times\left(1-f(U_j(t))\right) \tag{7-11}$$

则有

$$\Delta w_{ij}(t) = \eta\times e_j(t)\times f\left(U_j(t)\right)\times\left(1-f(U_j(t))\right)\times O_i(t) \tag{7-12}$$

设定

$$\delta_j(t) = e_j(t)\times f\left(U_j(t)\right)\times\left(1-f(U_j(t))\right) \tag{7-13}$$

最后可得

$$\Delta w_{ij}(t) = \eta\delta_j(t)\times O_i(t) \tag{7-14}$$

将式(7-14)代入(7-9),可得:

$$\Delta w_{ij}(t+1) = \alpha w_{ij}(t) + \eta\delta_j(t)\times O_i(t) \tag{7-15}$$

BP 神经网络在反向传播的同时,也对各节点间权值进行不断调整,经过多次迭代,直至满足预测误差要求、符合收敛标准为止。

3. 算法改进策略

BP 神经网络可通过多次迭代自主学习,确定达到收敛标准的权值,最终预测出厂站运行数据中的遗失数据进行遗失值替换。但是,在数据预测的实际应用中,BP 神经网络仍存在两点不足:一方面,神经网络的拓扑结构需要多次试验方能确定最优配置,拓扑结构与隐层层数及隐层神经元数联系紧密,如果网络结构过于简单,可能难以达到收敛精度,如果网络结构太过烦琐,则会无谓地消耗计算资源和时间成本,甚至出现学习现象,因此需要通过多次设定隐层层数及神经元数确定最佳的拓扑结构;另一方面,学习率 η 的设定不能一成不变,其过大过小都会对预测结果造成影响,若 η 过大,网络结构不稳定,权值调整幅度过大,可能造成在最佳值附近振荡而不能达到最佳值;若 η 过小,则迭代次数增多,徒然增多满足收敛标准的时间,因此 η 需即时动态调整,以促进权值的趋向变化。

现针对以上两点不足,提出如下改进策略:

(1)对于网络拓扑结构的最优配置,采用动态调整法予以调整,即以简单网络为初始网络,逐步增加隐层神经元数量,通过预测误差的比较决定是否增加隐层神经元个数,直至取得最小预测误差,终止神经元数量的添加。

（2）对于学习率的设定，采取自动变化方针，其自动变化方式如下：

$$\eta(t)=\eta(t-1)\times\exp\left(\lg\left(\frac{\min\eta}{\max\eta}\right)/d\right) \tag{7-16}$$

则在迭代过程中，学习率一直在其变化范围 [minη, maxη] 内有序波动变化，直至预测达到理想效果。

（二）噪声值的处理

噪声值主要由参数值中的随机误差和方差引起。常见的噪声值处理方式有两种：分组光滑法与回归拟合法。分组光滑法将参数值按一定规则（如大小顺序等）进行排序并划分为若干个分组，在每个组中利用平均值、中位值或边界值对参数值进行替换。回归拟合法则是通过对数据进行函数拟合，用以消除数据中可能存在的噪声值。

（三）离群值的处理

离群值不同于“正常”数据，它不符合正常的分布规律，从散点图上观测，其与“正常”数据群体的距离较远，因此命名为离群值，也被称为异常值。对离群值进行处理，主体过程即从样本集群中确定、筛选出这些分布异常的非“正常”值并剔除。常用的离群值处理方法有统计分布法、邻近程度法、聚类法等。

1. 统计分布法

统计分布法从数据分布概率出发，根据参数值的出现概率划分两个区域，即大概率区域与小概率区域。“正常”参数值符合分布规律，自然会出现在大概率区域；与之相反，出现在小概率区域的参数值即为离群值。统计分布法最常用的分布模型为正态分布模型。

2. 邻近程度法

邻近程度法以参数值之间的邻近性为判定依据，由于离群值与最近参数值的邻近程度远低于“正常”数据间的邻近程度，可通过比较各参数间邻近程度判定离群值。描述邻近程度的度量可以是距离，也可以是密度，因此邻近程度法也分为距离邻近法和密度邻近法。

3. 聚类法

聚类法是将聚类算法中簇的概念融入离群值的确定中，如果离群值较少，可认为其是不属于任何簇的个别单位值；如果离群值较多，可认为其由相对于“正常”数据大簇的若干个小簇组成。因此，可以通过识别不属于任何簇的孤单值或小簇确定离群值。

四、电厂大数据集成与约简

(一)数据集成

针对参数间的强相关性及命名方式、数值单位的不统一所造成的数据冗余现象,可通过集成的方式将来自多数据源的不同数据聚并、融合,以减弱或消除冗余现象。其中,一部分的数据冗余由参数间的强相关性造成,因此关于参数间相关性的研究有助于这部分冗余现象的处理。常见的相关定性研究策略有卡方检验、相关系数法及协方差法。以参量 M,N 为研究对象,列出各方法主要流程:

1. 卡方法

卡方法主要针对标称数据,假设参量 M,N 相互独立,不相关,以 x^2 为假设是否成立的判断标准网。

(1)计算相关事件($M=m_i, N=n_j$)的期望值

$$e_{ij}=\frac{c\left(M=m_i\right)\times c\left(N=n_j\right)}{p} \tag{7-17}$$

式中,p——样本数;

$c(M=m_i)$——事件 $M=m_i$ 的出现频数。

(2)计算 x^2

$$x^2=\sum_{i=1}^{a}\sum_{j=1}^{b}\frac{\left(o_{ij}-e_{ij}\right)^2}{e_{ij}} \tag{7-18}$$

式中,o_{ij}——相关事件($M=m_i, N=n_j$)的出现频数。

(3)计算自由度 $(a-1)(b-1)$,针对自由度确定拒绝假设值 η,若 $x^2\leqslant\eta$,则假设成立,参量 M,N 相互独立。

2. 相关系数法

根据式(7-19)计算出参量 M,N 的相关系数。

$$r_{M,N}=\frac{\sum_{i=1}^{p}(m_i-\bar{m})(n_i-\bar{n})}{p\sigma_M\sigma_N} \tag{7-19}$$

式中,p——样本数;

$\bar{m}$,$\bar{n}$——参量 M,N 的平均值;

σ_M,σ_N——参量 M,N 的标准差。

$\left|r_{M,N}\right|\leqslant 1$,$r_{\mathrm{M,N}}$ 的正负表征参量 M,N 的相关性的正负,$\left|r_{M,N}\right|$ 越大,相关性就越强。

3. 协方差法

通过式（7-20）计算参量 M, N 的协方差。

$$\mathrm{cov}(M,N)=E[(M-\bar{m})(N-\bar{n})]$$

$$=\frac{\sum_{i=1}^{p}(m_i-\bar{m})(n_i-\bar{n})}{p} \tag{7-20}$$

协方差与相关系数类似，比较式(7-20)与(7-19)，区别在于分母少了 $\sigma_M\sigma_N$。若参量 M, N 相互独立，则其协方差为 0。

在对相关性进行研究时，还需考虑到现阶段电厂大量推广采用多测点冗余测量技术，一个参量对应多个参数值，如在燃煤机组 A 的运行数据中，低温再热蒸汽温度的测点多达 9 个，需将这 9 个参量值进行加权平均处理以获得唯一低温再热蒸汽温度参数值，方可参与后续的挖掘工作。对于某些名称不一致而实际意义一致的参量和因单位不同导致数值不同的参量等参量（元组）重复问题，更需细加甄别，转换为统一名称、同一单位后再进行处理。

（二）数据约简

面对海量的厂站运行数据，若不进行简化而直接用于后续的数据挖掘，那么将给核心挖掘工作的储存加载、信息传输、内存计算等带来较大压力，而数据约简将初始数据集精简、压缩，在不破坏初始数据集信息成分的同时，缩小数据规模，从而减小数据挖掘的计算负担。常用的数据约简技术可分为参量约简、数值约简及信息压缩。

1. 参量约简

参量约简从参量数量入手，通过约简的方法降低参量维数，原先的多个旧参量被转化为相对数量较少的新参量，参量数量减少，同时关键信息含量并没有发生较大改变。常见的参量约简方法有小波分析法、主成分分析法及特征子集约简法。初始数据通过小波变换和主成分分析后，分别生成小波系数和主成分，通常留存若干个代表性较强的小波系数与主成分以代表主体信息进行后续研究，经过变换，参量数量大为减少。初始数据集中的弱相关性参量与冗余参量的存在降低了数据挖掘工作的效率，而特征子集约简法以此类参量为处理对象，通过对该类参量的删减完成参量的约简。

2. 数值约简

数值约简针对初始数据集中各数据本身，利用较小、易处理的数据（如组、簇、区间等）予以替换，将分散的数据变得较为集中、统一。常用的数值约简技术有函数拟合法、直方法、聚类法等。在函数拟合法中，各参量值可通过函数进行近似拟合。在直方法和聚类法中，初始数据根据不同的参量属性及归纳规则被分别归纳至若干个组和若干个簇以及区间中，组和簇的数量可人为设定，在后续分析中组和簇将代替原先分散的数据参与挖掘工作。

3. 信息压缩

信息压缩主要是通过对初始数据进行压缩而获得精简,压缩后的数据可用于信息重构。根据重构后的信息是否存在信息损失现象,可判断信息压缩方式。若重构信息与初始数据相比无信息损失,称为无损压缩;反之,若重构信息与初始数据相比存在信息损失,称为有损压缩。无论是否存在信息损失,只要损失程度在可接受范围内,压缩后的重构信息均可替代初始数据参与接下来下一步的分析工作。

五、电厂大数据变换

(一)常规数据变换方法

电厂大数据来源广泛,种类众多,多样性明显,参数之间值域相差显著,甚至相差几个数量级,并且各参量值域随着其度量单位的变化而产生变化,若不对参数值间差异性进行处理,将会加大挖掘中参数辨识、差异处理的工作量,对挖掘工作的效率及准确度造成不利影响。因此,需要对厂站初始运行数据进行变换操作,使其呈现利于挖掘的统一模式。常见的变换策略有标准化和离散化。

1. 数据标准化

通过标准化,可大幅度降低初始参数值域差异性,标准化后的各参量基本落入同一区间,减少了各参量对其度量单位选择的依赖。常用标准化方法有最值标准化、z-score 标准化及小数定标标准化。以参量 M 为研究对象,简述各方法如下:

(1)最值标准化

对于参量 M,其任一值以 m_i 表征,参量最大值为 max$M$、最小值为 min$M$,现定义其新值域区间为 [new_max$M$, new_min$M$]。

(2)z-score 标准化

考虑到离群值对最值的影响,可采用如式(7-21)所示的 z-$core 标准化避免对最值的计算。

$$m_i' = \frac{m_i - \bar{m}}{S_M} \tag{7-21}$$

式中,$\bar{m}$,S_M——参量 M 的平均值、均值绝对偏差。

$$S_M = \frac{\sum_{i=1}^{n} |m_i - \bar{m}|}{n} \tag{7-22}$$

(3)小数定标标准化

小数定标标准化以将新值域控制在 [−1, 1] 为目标,省去了对最值、均值及均值绝对偏差的计算。

$$m_i' = \frac{m_i}{10^j} \quad (7\text{-}23)$$

式中，j——使$|m_i'| \leqslant 1$的最大值。

小数定标标准化也可理解为一种广义的度量单位选择。

2. 数据离散化

鉴于数据标准化对初始数据信息含量改变较多，为避免信息成分的减少，可采用数据离散化对初始数据进行变换，若干个类簇、标签等将替代初始数据，数据规模得到简化，后续挖掘工作的效率因而得到提升，挖掘结果也因挖掘对象模式的统一而更具备实际意义、更易理解。数据离散化从广义概念上理解也属于数据归约，包括分组离散、直方图离散、聚类离散等。分组离散、直方图离散需人工制定分组规则，设定分组参数，主观成分过多，因此一般采用聚类方法来实现电厂大数据的离散化。

聚类思想，简而言之，即根据数据的某些特征、属性，将具有共同属性、特征的数据归纳为一簇，相同簇别的数据具有高度的相同质性，相反，不同簇别的数据具有高度异质性，以实现数据的离散化。聚类过程不预先设定聚类参数、离散目标，属于无监督学习范畴，具有良好的客观性和可靠性。

K-Means（K均值）算法是一种基于质心划分的聚类算法，通常以簇内数据的均值作为该簇的质心。设定初始数据集D被划分为k个簇，分别为$C_1, C_2, \cdots, C_k$，初始数据集D中任一数据仅处于一个簇中，针对$1 \leqslant i, j \leqslant k$，即有$C_i \subset D$且$C_i \cap C_j = \varnothing$各数据与质心之间的距离用欧氏距离表征：

$$dm(m,c_i)=m,c_i \quad (7\text{-}24)$$

式中，c_i——簇C_1的质心；

m——任一数据。

定义聚类质量函数如下：

$$E = \sum_{i=1}^{k} \sum_{m \in C_i} d(m,c)^2 \quad (7\text{-}25)$$

通过对质量函数的分析，可知K-Means聚类分析的最终目的是使簇内数据高度相近，类簇之间界限清晰明显。

K-Means聚类算法简单，易于理解，其主要耗时集中在计算数据与质心之间的距离上。但若将传统的K-Means聚类算法直接应用于电厂大数据离散化中，待处理数据量过于庞大，需要计算大量数据与质心之间的距离，反复多次的计算造成大量的计算开销和通信开销，在时间及空间复杂性上双双碰到阻碍。因此，如何实现传统K-Means聚类算法的并行化、提高计算效率成为必须解决的问题。鉴于各数据与质心距离的计算步骤时间复杂度最大,且计算过程相对独立、互不干扰,体现出良好的局部性。下面结合电厂大数据分析平台中 MapReduce 架构,针对该计算步骤,实现聚类算法的并行化改进,大幅度降低计算耗时。

(二)MapReduce 架构分析流程

在电厂大数据分析平台上,并行化计算主要依靠 MapReduce 架构予以实现,作为一种面向海量数据的可伸缩并行编程模型,MapReduce 结构对于各种类型(包括结构化、半结构化及非结构化)数据的处理均有良好的效果,具备突出的可扩展性、容错性及适用性。MapReduce 处理数据的中心思想即“分而治之”,通过对数据的分块并行处理,实现对海量数据协同计算的目的。

以电厂大数据为研究对象,MapReduce 架构的分析处理依次按照以下步骤进行:

(1)电厂大数据被随机划分为若干个数据块。

(2)每个数据块以形如< key1, value1 >键值对的形式被分配至 Map 节点进行并行任务处理,这些 Map 任务同时开展。

(3)Map 任务结束后,产生众多另一种形如< key2, value2 >键值对的中间结果,这些中间结果在 Shuffle 过程中进行聚并处理,key 值相同的键值对被组成一个集群以键值对< key2, {value2} >的形式传输至 Reduce 节点。

(4)Reduce 任务开启,根据 Shuffle 过程传递至 Reduce 节点上的键值对集群< key2, {value2} >,针对 key 值相同的键值对进行最终的整理运算,形成< key3, value3 >的键值对结果。

(5)Reduce 节点的计算结果进行汇总,成为最终结果进行输出。

MapReduce 架构上作业和任务的并行计算均是通过对主控节点及从节点的调控、管理实现。MapReduce 上的主控节点 Job Tracker 负责计算任务的统筹、调控,从节点 Task Tracker 负责具体的分析计算。为了更好地实现计算本地化,HDFS 的从节点 Data Node 与 MapReduce 的从节点 Task Tracker 被融合绑定至一个从节点,方便直接从本地读取数据进行分析处理,并在数据处理时间内完成对数据的具体解释。MapReduce 架构中各节点间的松耦合性致使其通用性、易用性较强,通过对 MapReduce 的并行化计算,不仅精简了计算处理过程,还节省了数据分析产生的计算开销和信息传递造成的通信消耗。

第二节　基于大数据技术的运行优化策略改进

一、火电机组运行优化的重要性

（一）火电机组能量损失分析

对于已经正式投产运行的火电机组，其能量损失从是否可控的角度，可大致分为两类：不可控能量损失与可控能量损失。不可控能量损失主要由燃煤品质、机器性能、环境因素等外在约束条件的影响变化引起，很难通过人工措施对其进行改善。可控能量损失又可分为运行可控能量损失和维修可控能量损失两类，其中，运行可控能量损失主要由机组实际运行值偏离优化目标值引起，进而导致机组偏离最佳运行工况，机组的热力性能、运行效率随之下降，可通过运行维护人员对可调运行参量值进行适当的调控予以弥补；维修可控能量损失则大多是由于运行机组单元的部分设备、部分零件的故障导致，此时单纯的运行调控已经不能解决根本问题，需要报备维修部门及时进行机器故障诊断并检修、设备性能维护方能得到有效控制。

但是在电厂实际运营中，针对人力可为的可控损失，由于机组设备性能一般比较稳定，不会经常性地出现故障缺陷，维修可控损失在总能量损失中占比较小，加上设备维护由于其较高的经济开销、人工代价以及对实时正常发电工作的影响，基本几个月甚至一年才会维修一次。反观运行可控损失，如果厂站优能降耗意识有限、现场运行水平不足、监督管理力度不够，很可能使机组长期运行在非最优工况甚至较恶劣的工况下，致使机组在整个生产周期内效率较低、性能较差，造成较大的能量损失。另外，由于我国火电机组因承担调峰重任，长期在没有运行优化规范指导下，不规律性地进行变负荷操作，加之厂站考核尚未针对机组动态运行优化形成严格、系统、统一的监管规则，就会导致运行可控损失在火电系统能量损失中占比较大，同时也从侧面反映我国火电机组的运行维护水平仍有较大的提升空间。在造成火电机组能量损失的众多因素中，唯有运行因素人为可控并可针对性地开展实时调控。若能合理确定优化目标值并对运行参数即时进行调控，机组可迅速调整至最优状态，运行可控损失可在安全运行的前提下有效地降低甚至避免发生。因此，如何制定行之有效的方法以确定贴合实际的优化目标值，提高机组运行优化水平，在火电系统的优能降耗研究中具有极强的现实意义。

（二）目标值确定方法的选取

1. 目标值的含义

目标值即机组在当前工况、环境条件下，在满足安全生产的同时，所能达到的最佳运行状态时所对应的各运行参数及性能指标。这里的最佳运行状态一般是指经济成本最低、运行效率最高的状态。根据系统状态（包括设备性能等）、环境因素（包括环境温度等）、当前负荷及运行参量实时数据，可得机组经济成本函数表达式，如（7-26）所示：

$$V=f(S,E,N,X) \tag{7-26}$$

式中，V——机组经济成本；

S——系统状态；

E——环境因素；

N——当前负荷；

X——运行参量实时数据。

由于当机组投产运营后，系统状态和环境因素基本稳定，当前负荷也需服从调度指令，除了部分可控运行参量，均难以通过运行人员的调控予以改动。因此，定义机组当前状态下的最低经济成本为 $\min V$，则有：

$$\min V=f(S,E,N,X_{bas}) \tag{7-27}$$

进一步计算可知，机组处于最佳状态时，有：

$$X_{bas}=g(S,E,N) \tag{7-28}$$

X_{bas} 即为目标值，可见其受到系统状态、环境因素、当前负荷等外部边界条件的联合制约和影响。

2. 目标值确定的常规方法

火电机组目标值确定的常规方法主要有以下几种：①额定设计参数法；②优化试验确定法；③变工况模型计算法；④统计分析最优法。

额定设计参数法操作简单，规则清晰，应用最为广泛。但是，鉴于机组设计方在设计时所考虑的机组环境难免与实际环境有所出入，部分参数的设置贴合实际不够紧密；机组各单元设备在安装、调配时不可避免地出现小纰漏，与设计方案略有不符；随着机组运行时间的增长，设备状态、环境条件均会产生不确定性的变化因素，经济成本的实际运行目标值大于设计参数值，且运行时间越长，两者相差就越大；此外，大多数实际运行状态与设计额定工况不符，如环境温度升高，循环水入口水温随之升高，实际背压值高于额定工况下背压设计值。综上所述，在内外因素的共同影响下，机组的实际运行工况与设计工况存在一些数值偏差，在实际运行时，运行值难以达到设计值的标准，直接采用额定设计值作为机组运行目标值，与实际运行工况不符，偏差较大，较为不妥。

优化试验确定法在火电机组优化试验完成初期比较适用，但是运行优化试验耗时耗力，消耗大量时间的同时造成了较大的经济负担。为了保证试验的全面性和仿真性，需要在各典型负荷工况下无差别地进行试验，更是增添了对资源的消耗。此外，优化试验一般定期进行，两次优化试验相隔数月至数年不等，在此期间，随着运行时间的延长，机组设备不可避免地会出现老化等问题，再加上燃煤种类、外界环境无规律性的变化，机组的运行状态与优化试验时的状态有时相距很大，导致优化实验所确定目标值的适用性逐渐降低。

变工况模型计算法在理论上可行，但是计算结果直接受到变工况模型精确度的影响，热力机理的复杂、多机单元的融合、多元参数的耦合均给模型的构造带来较大的挑战和阻碍，模型构建时的一点疏漏都将给目标值的计算带来误差。计算所得均为理论值，在实际运行中，生产设备的磨损、燃煤品种的改变等均会造成机组运行参量的工况偏离，导致模型计算值在生产运行中难以达到标准。因此，变工况模型计算所得结果对实际运行指导作用有限。

统计分析最优法需要对历史数据频繁地更新、分析，过程烦琐，分析方法过于单一，且没有考虑到小概率事件发生的可能性，分析结果对数据的可靠性、精确性依赖极大，如果最优值由误差、随机因素等造成，那么目标值的选取将会出现较大偏差。

火电机组是一套兼具瞬态性、动态性、多变性的持续生产动力设备系统，涉及多源协同、多机耦合问题，机理复杂，由于对某些单元、过程认识水平的限制，部分热力环节尚未完全研究透彻，还不能清晰、直接、准确地用数学方法构建出具体热力模型。外部边界条件的持续制约和内部扰动因素的不断影响引起火电机组运行工况的动态性和多变性，实际运行目标值与其他运行参量的关系具有不确定性，常规的目标值确定方法均基于固定参数方法对目标值进行计算，已不能满足火电系统动态多变性的要求。

（三）关联规则目标值确定策略

针对目标值常规确定方法的不足及局限性，亟须一种基于实际运行数据的目标值动态确定方法，在此大背景下，依靠数据挖掘或智能寻优的实际运行优化法应运而生。实际运行优化法建立在机组生产数据的基础之上，选择适当的挖掘、寻优策略针对运行数据进行挖掘、寻优，通过挖掘各参数间的关联关系以确定最优化目标值。该方法综合考虑到外部边界条件的约束及内部突变因素的扰动，并且可以很好地规避部分热力过程难以进行数值描述的难题，有足够的可信度和可靠性。

因此，可以使用关联规则目标值确定方法，从机组海量历史数据出发，基于关联算法的逻辑支持，挖掘出形如“各运行参量→优化性能指标”的强关联规则，强关联规则中优化性能指标对应的各运行参量值即优化目标值，实现了运行目标值的动态确定。该方法条理清晰、计算准确，无需过多考虑热力系统内部的复杂机理，能够有效解决实际运行工况偏离常规方法中确定目标值的设定工况问题。

挖掘对象覆盖多个运行周期,包括每个实际工况,挖掘结果来自实际生产,能够全面切实、准确有效地反映机组的实际最佳运行状态,并可间接体现外界约束条件变化(如环境温度升高、燃煤品种变化、机组负荷突变等)对实际运行的具体影响,将原先定性的相关性分析升华为关联规则的数值化、定量化呈现出来,可信度和可靠性均有所保证。关联规则目标值确定方法通过多数源融合、深层次应用,实现了关联规则的挖掘,不仅达成了数据隐藏价值的重现,还印证了火电系统产业信息化的功能性、实用性及前瞻性。

这种方法的另一个突出特点是具有很强的容错性,即使数据采集、传输机制出现故障导致所测的数据出现误差,该方法仍然适用可行。常规方法确定的目标值并非根据实际运行环境确定。而实际值中存在误差,导致实际值与目标值之间由于误差会存在"天然差距",对两者之间真实差距的计算、评估而造成较显著且不易消除的信息干扰,事实上实际值难以通过运行调控达到目标值,从而导致目标值失去实际指导意义。而这里采用的关联规则目标值确定方法基于机组的实际运行数据,所挖掘确定的目标值来源于实际运行过程,因此不会受到测量误差的影响。

同时,这种方法确定的目标值具有较大的支持度。常规方法所确定的目标值可能是在运行过程中偶尔出现的"最佳"值,可能是由于工况的波动、信号的干扰以及参数传输的滞后几种原因所引起,难以反映机组的真实运行状态。而关联规则目标值确定方法获取的目标值有较大的支持度,在实际运行中出现的频次较多、概率较大,不是偶尔出现的"最佳"值;并且由于置信度的支持,一旦通过运行调控使运行参量的实际值落入目标值区间,将会有很大的概率使性能指标达到优化区间。

此外,在运行优化研究中,确定的目标值并非长时间固定不变,而是综合考虑到机组外部约束和内部扰动的影响,呈现动态化特性,随机组实际运行工况的变化而及时动态更新。在具体的数据分析中,需针对外部边界条件(如燃煤品质、机组负荷、环境温度等)的不同进行进度运行工况划分,尽量挑选贴近当前运行工况的运行数据进行挖掘分析。随着运行时间的增长,待挖掘数据库内的数据不断更新,所确定的目标值也在动态变化。每一个特定的运行工况均有最新的目标值用于机组运行优化的指导,目标值的时效性与动态性均得到较好体现。

总之,在采用关联规则目标值确定方法指导运行优化中,更加注重实际值与目标值相对量的比较,只要能够通过运行调控使机组实际运行状态逐渐趋近优化稳定运行状态,那么机组的热经济性就会不断提高,机组能耗也会随之逐渐降低。

二、基于关联规则的目标值确定

（一）关联规则算法相关定义

关联规则算法属于无指导学习范畴，针对参量之间相互依存、相互制约的关联关系进行分析，现介绍其基本定义如下：

定义 1：k 项集设定 $I=\{i_1, i_2, \cdots i_n\}$，其中 $i_1, i_2, \cdots i_n$ 为各数据项，则称 I 为 n 项集；若 $n=k$，则 I 为 k 项集。在电厂大数据中，数据项即各运行参量。

定义 2：数据集设定数据集 D，其包含的样本可用 $T_j(j=1,2,\ldots,m)$ 表示，$T_j \subset I$，D 中样本数量为 m。

定义 3：项集支持度针对项集 A，$A \subset I$，则项集 A 的支持度为 A 在数据集 D 中出现的概率，即包含项集 A 的样本数在数据集 D 中的比例：

$$\sup port(A) = P(A) = \frac{count(A)}{m} \tag{7-29}$$

定义 4：频繁 k 项集设定项集最小支持度 Minsup（也可理解为项集支持度阈值），若项集 I_k 的支持度满足 Support（I_k）> MinSup，则称其为频繁 k 项集，一般频繁 k 项集可记为 L_k，以区别非频繁项集。

定义 5：关联规则设定关联规则 R，形如 $A \Rightarrow B$，其中，$A \subset I$，$B \subset I$，$A \neq \varnothing$，$B \neq \varnothing$，且 $A \cap B = \varnothing$。

定义 6：规则支持度针对定义 5 中的关联规则 R，其规则支持度为项集 A，B 同时在数据集 D 中出现的概率，即同时包含项集 A，B 的样本数在数据集 D 中的比例：

$$\sup port(A \Rightarrow B) = P(A \cup B) = \frac{count(A \cup B)}{m} \tag{7-30}$$

从广义上讲，项集 $A \cup B$ 可视为一个新项集，则规则支持度也可视为一种升级的项集支持度。

定义 7：规则置信度针对定义 5 中的关联规则 R，其规则置信度为数据集 D 中出现项集 A 的同时也出现项集 B 的概率，其数学表述为：

$$\text{confidence}(A \Rightarrow B) = P(B|A) = \frac{\sup port(A \Rightarrow B)}{\sup por(A)} = \frac{count(A \cup B)}{count(A)} \tag{7-31}$$

定义 8：强关联规则如定义 4 一样，可设定最小置信度 MinConf（也可理解为置信度阈值），若关联规则 $A \Rightarrow B$ 的支持度与置信度能同时满足 Support（$A \Rightarrow B$）≥ MinSup 与 Confidence（$A \Rightarrow B$）> MinConf，则称关联规则 $A \Rightarrow B$ 为强关联规则。

由公式（7-31）可知，规则置信度的计算，其本质即是对支持度的计算，支持度是置信度的前置计算步骤,那么频繁项集的求解也可理解为关联规则挖掘的基础流程。因此,对强关联规则的求解可分为以下两个流程:①通过支持度阈值的比较,选出频繁项集;②通过置信度阈值的比较,从①中已选出的频繁项集中确定强关联规则。

关联规则算法发展至今,已有许多种类,具体包括 Apriori 算法、FP-Growth 算法、H-Mine 算法、Eclat 算法、GRI 算法等,其中 Apriori 算法最为经典,已成功应用于医疗预测、商业消费、网络安全、图书管理、移动通信等各个领域。

(二)Apriori 算法的基本流程

Apriori 算法通过频繁 k 项集 L_k 确定频繁 $(k+1)$ 项集 $L_{(k+1)}$,如此逐层迭代,直至不能产生新的频繁项集为止。Apriori 算法的基本流程如下:

(1)根据研究背景和实际需求确定支持度阈值和置信度阈值;

(2)扫描初始数据集,生成候选 1 项集 C_1 并求出其支持度;

(3)通过比较 C_1 的支持度与支持度阈值,确定频繁 1 项集 L_1;

(4)通过频繁 1 项集 L_1 的连接与剪枝,生成候选 2 项集 C_2;

(5)判断候选 2 项集 C_2 是否存在,若存在则重复类似(2)~(5)的步骤,利用频繁 k 项集 L_k 生成候选 $(k+1)$ 项集 $C_{(k+1)}$,直至不能产生候选 $(k+1)$ 项集;

(6)根据频繁 k 项集 L_k 生成关联规则,通过关联规则置信度和置信度阈值的比较,确定强关联规则。

从基本流程可看出,步骤(4)中的连接和剪枝最为关键,连接即针对两个频繁 k 项集 L_k^1 和 L_k^2,两个项集中有 $(k-1)$ 个数据项一致,对两者求连接,则可得到一个包含 $(k+1)$ 个数据项的初始候选 $(k+1)$ 项集;剪枝则需涉及一易证定理:非频繁项集的任一超集均是非频繁项集。据此定理,可对连接生成的初始候选 $(k+1)$ 项集进行预甄选,若一初始候选 $(k+1)$ 项集的一个 k 项子集不是频繁项集,则其必不是频繁 $(k+1)$ 项集,在计算支持度之前将其舍弃,节约计算资源。经过连接和剪枝,可生成候选 $(k+1)$ 项集 $C_{(k+1)}$。

如何根据频繁 k 项集 L_k 确定强关联规则也需简单进行说明。频繁 k 项集 L_k 的任一非空子集也是频繁项集,设其一非空子集为 l_k,未包含在 l_k 的数据项组成子集 l'_k,则有 $l_k \cup l'_k = L_k$ 且 $l_k \cap l'_k = \varnothing$。根据式(7-31),若满足

$$\text{confidence}(l_k \Rightarrow l'_k) = \frac{count(l_k \cup l')}{count(l_k)} \geqslant \min conf \qquad (7\text{-}32)$$

则关联规则 $l_k \Rightarrow l'_k$ 为强关联规则。

三、电厂大数据环境下的 Apriori 算法应用

Apriori 算法的出现弥补了关联规则无指导学习、搜索的空白,将其应用在火电机组

的运行优化中，极大地促进了对运行参量之间相关性的分析、研究，其独特的逐层搜索、连接、剪枝技术在很大程度上完善了学习策略，提高了计算效率。但是随着火电系统数字信息化的不断深入完善，生产运行数据爆炸式地增长，现阶段的研究对象是兼具高维性、瞬态性和持续性的海量现场数据。传统 Apriori 算法在面对电厂大数据时，由于其逐层反复搜索策略和串行数据处理方式，无论是在计算分析效率方面，还是在内存资源调配方面，都遇到较大的瓶颈，显得力不从心，主要表现在以下两个方面：

一方面，Apriori 算法在通过频繁 k 项集的连接、剪枝产生候选 $(k+1)$ 项集 $C_{(k+1)}$ 时可能产生大量候选集，并需逐层检索初始数据集以计算候选集的支持度，候选集越多，支持度的计算量越重越烦琐。实际应用经验表明，当用 Apriori 算法进行挖掘时，由于先验知识、理论积累及应用经验的不足，通常会挑选过多的运行参量进行关联规则的学习，导致最后确定的关联规则仅包含若干个运行参量，并且关联规则中运行参数的数量仅占到初始数据集中运行参数数量的一小部分。所挑选进行关联规则学习的部分参量可能存在低相关性和冗余性质，低相关性的参量与关联规则相关性较弱，在分析期间将通过计算被舍弃；而冗余性的参量之间信息相互交叉、重复，没必要全部参与到关联规则的学习中。这部分参量参与到核心的层层检索、逐层迭代的挖掘工作中，致使每层均产生大量的候选项集，同时大大增加了项集支持度计算和阈值判定的计算开销，造成了较大的计算资源占用。从节约计算资源的角度出发，这部分参量应该避免进入数据集检索、支持度计算等实质挖掘工作中。若能在实质挖掘工作中开展之前将弱相关性、冗余属性的参量剔除，仅留存剩余参量作为数据集参与计算，那么就可以从根本上减小数据集规模，从而减小候选项集的长度和数量，降低支持度的计算量，进而降低计算资源消耗和通信开销，在一定程度上弥补由于 Apriori 算法的固有缺陷所造成的不足。

另一方面，传统的 Apriori 算法属于单机运行的串行算法，面对电厂大数据时存储、计算压力通常较大，常因为系统资源有限、物理内存限制等因素满足不了大数据串行计算的资源消耗，以致进行关联规则学习时计算分析速度较慢甚至因内存不足而被迫中断任务，已不能在合理的时间内完成关联规则的挖掘以指导机组的优化运行。因此，如何摆脱单机串行计算的桎梏，减少算法的时间和空间复杂度，快速应对海量数据的处理要求，已在数据挖掘领域被当作重点课题进行攻坚，经过专家学者的理论研究和实践尝试，指出并行化改进是合理解决此类难题的最佳途径之一。

第三节　大数据平台上的火电机组运行优化

一、燃煤机组运行的全工况优化

（一）燃煤机组

1. 机组信息简介

下面以一组例子来进行研究：燃煤机组 A 为 1000MW 超超临界发电机组，其中，锅炉采用东方锅炉厂生产的超超临界变压直流炉，型号为 DG3000/26.25- Ⅱ 1；汽轮机采用东方汽轮机厂制造的超超临界冲动凝汽式汽轮机，型号为 N1000-25.0/600/600；发电机则采用东方电机股份有限公司制造的三相同步汽轮发电机，型号为 QFSN-1000-2-27；DCS 系统采用 ABB 公司（艾波比集团公司）研制的 Industrial IT Symphony 系统。

2. 数据采集、传输机制

自从 20 世纪 80 年代将 DCS 引入电力工业领域，DCS 就在火力发电厂站得到了广泛的应用。燃煤机组 A 运行参数的数据采集、传输、存储主要依靠厂站 DCS 完成。作为兼集信息技术、测量技术、自控技术于一体的分布式控制系统，DCS 具备可靠性、开放性、灵活性、易维护性等多种优良性能，其显著特点表现在集中监管和分散调控上。其中，集中监管指的是对运行过程通过可视化界面进行集中式的监督、管理，分散调控主要指通过信息技术完成分散式配置、控制。

燃煤电厂中 DCS 的通信系统主要分为四个层级，即现场层、控制层、监控层及管理层。现场层主要包括现场的测量装置、设备，即常规仪表、总线仪表、传感器、执行器等，用于测量、采集初始信息数据。控制层的设备主要是控制器及过程控制站，任务大致分为两个方面，一方面是收集现场层传输的信息、信号，对其进行初步处理后继续往上传输至监控层；另一方面是针对接收的数据、信号，根据相关规则求解出控制量并反馈至现场层。监控层包括工程师站、操作员站及历史记录站等，操作员站用于对整个厂站生产、运行周期的监管、调控，可视化界面方便对生产状态的实时掌控，简捷的控制方式切换有利于快速的整体调控；工程师站主要承担对 DCS 的调配、维护等工作；历史数据站则用于海量运行数据的存储，而对运行数据的计算分析主要在计算站进行。管理层则主要针对厂站管理人员，通过管理计算机等设备纵向掌控把握整体信息，并根据各机组的实际性能、状态，结合区域电网等调度指令，统筹生产规划，实现全厂机组安全、有序、高效的生产运行。

（二）热力性能计算

目标值是最佳运行状态时对应的各运行参数及性能指标，而最佳运行状态一般指经济成本最低的状态，即热经济性最佳的状态。燃煤机组的热经济性通常采用热经济指标进行表征，在进行关联规则分析之前，需要指定热经济性指标作为性能指标，统一热经济性评价标准，将运行优化目标量化明确。燃煤机组的热经济性指标分为能耗量、能耗率、效率等，其中，能耗量包含汽轮机组热耗量、汽轮机组汽耗量、单元机组煤耗量、单元机组标准煤耗量等，相应的，能耗率包含汽轮机组热耗率 q、汽轮机组汽耗率 d、单元机组煤耗率 b、单元机组标准煤耗率 b_b 等，能耗率之间可互相换算如下：

$$q=dQ \tag{7-33}$$

$$b=\frac{q\times10^3}{c\eta_p\eta_b} \tag{7-34}$$

$$b_b=\frac{q\times10^3}{29308c\eta_p\eta_b} \tag{7-35}$$

式中，Q——机组循环吸热量，kJ/kg；

C——燃煤热值，kJ/kg；

η_p——管道效率；

η_b——锅炉效率。

由于热耗率能够全面反映汽轮机、发电机、所属辅机及热力系统的热经济性，若不考虑锅炉及管道的影响，可表征整个单元机组的热经济性。因此，下面采用热耗率作为燃煤机组 A 的性能指标。热耗率及相关效率的计算机理如下：

1. 热耗率计算

（1）在燃煤机组 A 的主蒸汽中，除第一段抽汽和第二段抽汽外，其余蒸汽均参与了再热过程，因此需要根据第一段和第二段抽汽份额，计算出再热蒸汽吸热量。由于汽轮机组中第一级和第二级高压加热器均为疏水放流式加热器，根据简捷计算规定，则有：

$$\tau_j=\bar{t}_j-\bar{t}_{j+1} \tag{7-36}$$

$$q_j=h_j-\bar{t}_{s(j+1)} \tag{7-37}$$

$$\gamma_j=\bar{t}_{sj}-\bar{t}_{s(j+1)} \tag{7-38}$$

式中，τ_j——1kg 给水在加热器 j 中的焓升，kJ/kg；

q_j——1kg 蒸汽在加热器 j 中的放热量，kJ/kg；

γ_j——1kg 疏水在加热器 j 中的放热量，kJ/kg；

$\bar{t}_j$——加热器 j 的出口水焓，kJ/kg；

h_j——加热器 j 的抽汽焓，kJ/kg；

$\bar{t}_{sj}$ ——加热器 j 排出疏水焓，kJ/kg；

设定 β 为进入加热器 j 的疏水份额，则有：

$$\alpha_j = \frac{\tau_j - \beta\lambda_j}{q_j} \tag{7-39}$$

式中，α_j——第 j 段抽汽份额。

（2）根据计算可得第一段抽汽份额 α_1 及第二段抽汽份额 α_2，则再热蒸汽流量为：

$$D_{rh}=D_0(1-\alpha_1-\alpha_2) \tag{7-40}$$

式中，D_{rh}——再热蒸汽流量，kg/h；

D_0—— 主蒸汽流量，kg/h。

（3）根据热耗率定义，可求得热耗率如下：

$$q = \frac{D_0(h_0 - h_{fw}) + D_{rh}(h_{rh}^{out} - h_{rh}^{in})}{P_e} \tag{7-41}$$

式中，h_0，h_{fw}—— 主蒸汽、给水焓值，kJ/kg；

h_{rh}^{out} ，h_{rh}^{in} ——再热蒸汽出、入口焓值，kJ/kg；

P_e——机组输出功率，kW。

2. 相关效率计算

根据汽轮发电机组的能量平衡，可得：

$$Q_0\eta_i\eta_m\eta_g=W_i\eta_m\eta_g=3600P_e \tag{7-42}$$

式中，Q_0——汽轮发电机组热耗量，kJ/h；

η_i——汽轮机绝对内效率，%；

η_m——机械效率，%；

η_g——发电机效率，%；

W_i——实际内功，kJ/h。

那么，可进一步得到：

$$q = \frac{3600}{\eta_i\eta_m\eta_g} \tag{7-43}$$

由上可知热耗率主要与 η_i、η_m、η_g 这三个效率有关。

（1）汽轮机绝对内效率 η_i

$$\eta_i = \frac{w_i}{q_0} = \frac{\sum_1^z \alpha_j \Delta h_j + \alpha_c \Delta h_c}{(h_0 - h_{fw}) + \alpha_{rh} q_{rh}} = \frac{\sum_1^i \alpha_j \Delta h_j + \alpha_c \Delta h_c}{\sum_1^z \alpha_j \Delta h_j + \alpha_c \left(h_0 - h_c' + q_{rh}\right)} \tag{7-44}$$

式中，α_c，α_{rh}——凝汽、再热蒸汽份额；

Δh_j，Δh_c——抽汽、凝汽的焓降，kJ/kg；

h_0，h_c'——新蒸汽、凝结水的比焓，kJ/kg；

q_{rh}——lkg 再热蒸汽吸热量，kJ/kg。

（2）机械效率 η_m

$$\eta_m = \frac{360 P_{ax}}{W_i} \tag{7-45}$$

式中，P_{ax}——发电机输入功率，kW。

（3）发电机效率 η_g

$$\eta_g = \frac{P_e}{P_{ax}} \tag{7-46}$$

（三）燃煤机组数据初处理

针对燃煤机组 A，以其生产数据作为挖掘对象，进行采样。进行关联规则挖掘之前，需确定待挖掘的运行参量及性能指标范围，要选取通用性良好的热耗率作为性能指标。在运行参量方面，由于机组运行优化的目的是为了通过减少可控运行损失以降低机组热耗率，重点为确定可控运行参量的目标值以及根据生产实际进行运行参量的调控，因此提取进行关联分析的特征运行参量需满足以下两个条件：其一，该特征参量需与热耗率关系紧密，在实际生产运行中，该特征参量的波动能够对热耗率造成足够大的影响；其二，该参量在生产实际中可通过运行操控进行调整，对机组运行具有强指导意义。

（四）目标值结果分析

在目标值结果分析之前，需要说明的是，在电厂实际环境中，由于测量机制、采集技术、传感器的精度等问题，某些参量的测量结果不准确势必影响热耗率计算的准确性。以主蒸汽流量为例，在现场层中并无直接测量的传感器，主气流量是通过调节级压力换算得到的，本身就存在一定的不准确性，而且随着汽轮机结构的变化，在不同工况下，这种通过换算得到的主气流量会出现不同程度的偏差。同样，其他运行参量在测量过程中也会不同程度地存在类似的问题，因此根据这些参量计算得到的热耗率的准确性也会受到一定程度的影响。此外,燃煤机组的运行数据为冬季工况数据,环境温度较低,导致排气压力较低,也会对热耗率的计算有一定影响,但是,这并不影响采用的关联规则目标确定法的适用性。

关联规则目标确定法产生的目标值来源于实际运行过程,目标值与实际值中均存在因测量机制局限、数据系统故障、内外因素波动等引起的误差。但是可以确认由关联规则确定的目标值一定是优于实际值的,因此,我们仍可以利用这样的目标值指导机组的运行优化,调控运行参数使其实际值落入目标值区间范围内,通过缩小运行参量实际值与目标值的相对差距,使机组热耗率达到优化目标范围,从而保证机组能够在当前环境下达到优化运行状态的目的。

通过目标值与实际值的比对,可知目标值代表更优质的机组性能,尤其是主汽压力、主汽温度、再热蒸汽温度及凝汽器真空明显优于实际平均值。同时,由于目标值直接来源于历史运行数据,说明通过运行人员的调整控制是可以在运行中达到的。

二、燃气—蒸汽联合循环协同运行优化

(一)联合循环机组

相对于 GE 公司针对整个联合循环提供的“一体化 ICS”(Integrated Control System,集成控制系统)模式,“DCS+Mark Vie”模式机理清晰、操作简单,具有良好的实用性与可拓展性,且可利用在国内已趋于成熟、日臻完善的 DCS 技术。DCS 用于余热锅炉、汽轮机、各电气设备及其他配套系统的控制,而燃气轮机的控制则依靠 Mark Vie 系统实现。

Mark Vie 系统是 GE 公司 Speedtronic 系列控制系统中最新最先进的通用分布式控制系统,具备良好的稳定性、可用性、可拓展性及维护便捷性的特点,主要对燃气轮机的转速、负荷、排气温度、IGV(Inlet Guide Vanes,进口导叶)、燃料等参量进行控制,对其超速、跳机、灭火、振动等环节进行保护。

该系统采用 TMR(Triple Modular Redundancy,三模块冗余)结构,通过三个独立传感器监测同一个测量信号,信号输出为三个传感器判决的结果,通常为平均值。若一个传感器出现故障,则该传感器的信号将被隔离和屏蔽。因此,Mark Ⅵ e 系统具备较高的可靠性,突发的故障不会导致信息传输过程的中断,也不会影响信号数据的准确性。

最底层是 PAS(Process Automation System,过程自动化系统)层,对全厂实施全面实时监控,所监测、收集的数据传往中间层。PAS 层分为两层:底层是现场控制层,该层是全厂自动化控制的基础,负责测量、读取设备各参数并将信息上传;顶层是过程控制层,包括 DCS、Mark Vie 等系统,负责收集上传的数据,并进行计算、分析和显示。

中间层是 SIS 层,建立在 PAS 层之上,面向全厂的信息系统,通过整合过程控制层

的信息、数据，实现厂级信息共享和实时监测，有效提高厂级管理效率。该层的数据部分上传至 MIS 层，供其决策参考。

最顶层是 MIS（Management Infonnation System，管理信息系统）层，负责全厂的管理，包括生产控制系统、运营管理系统、办公自动化系统、辅助决策系统等。

（二）热力性能计算

联合循环的热力经济性能指标能够实时、准确地反映循环的运行状态和经济性能，运行当值人员可通过对性能指标的计算、监测，全面掌控机组运行情况，并针对性地进行适当的优化调整，从而提高机组的运行水平。联合循环分为顶循环和底循环，现分别针对各循环进行热力性能计算。

1. 顶循环

顶循环即燃气轮机循环，作为联合循环的起点，该循环的热力性能极大地影响整个联合循环的能效。燃气轮机主要由压气机、燃烧室及燃气透平等三功能单元组成，通过产生高温高压的高质量燃气推动透平做功发电，将燃料的化学能转化为热能，热能又转化为机械能，其中，部分机械能用于压气机中的空气压缩，部分机械能通过同轴的发电机转化为电能。顶循环可简单概括为理想的布雷顿循环，空气进入压气机，进行绝热等熵压缩，通过逐级压缩，成为高温高压空气；高温高压空气进入燃烧室，与天然气进行等压燃烧，经过充分的燃烧，产生高温高压的燃气；燃气流经透平，进行绝热膨胀，从而推动透平高速转动。

以上为理想的顶循环热力过程，但是在实际运行中，由于空气滤网和管道阻力的存在导致进气损失，各单元设备的排气管道存在流动损失，各热力过程、做功环节也不可避免地存在热量损失，这些压损和熵增等不可逆因素会对正常的热力循环造成影响，在进行热力计算的时候需加以考虑和修正，保持计算的准确度。在燃气轮机初启动时，机械能的产生量不足，尚不足以供给压气机使其完成空气压缩工作，需配置电动起动机予以辅助。

顶循环的净比功 ω 为：

$$\omega=\omega_1-\omega_c \tag{7-47}$$

式中，ω_t——燃气透平做功量，kJ/kg；

ω_c——压气机耗功量，kJ/kg。

1kg 空气吸热量 q_1 为：

$$q_1=f(1-X_l)H_u \tag{7-48}$$

式中，f——1kg 空气对应的燃料量，kJ/kg；

X_l——透平冷却空气系数；

H_u——燃料发热量，kJ/kg。

燃气轮机装置热效率 η_r 为：

$$\eta_r = \frac{\omega}{q_1} \tag{7-49}$$

顶循环效率 η_{gt} 为：

$$\eta_{gt}=\eta_r\eta_G \tag{7-50}$$

式中，η_G——发电机效率，%。

发电机输出功率 P_{gt} 为：

$$P_{gt}=G_a\omega\eta_G=G_fH_{ma}\eta_{gt} \tag{7-51}$$

式中，G_f——燃料流量，kg/s；

H_{ma}——燃料环境温度试验条件下的低位发热量，kJ/kg。

2. 底循环

底循环即 HRSG（Heat Recovery Steam Generator，余热锅炉）与汽轮机的热力循环过程，HRSG 上联燃气轮机的布雷顿循环，下接汽轮机的朗肯循环，是联合循环的关键设备。顶循环中推动透平旋转做功后的燃气仍有 500～610℃的高温，若将其直接排放会造成较大的能量损失和热量污染，为促进能源的多级利用，在燃气轮机后接入 HRSG 和汽轮机，将燃气轮机的排气用于加热并凝结成水，产生高温蒸汽推动汽轮机转子做功发电，进而将循环热耗率从独立顶循环的 35% 提升至联合循环的 58%，极大地提高了联合循环的效率和燃气的能量利用率。

余热锅炉效率 η_{yr} 为：

$$\eta_{yr} = \frac{c_{pin}\theta_4 - c_{pout}\theta_{13}}{c_{pin}\theta_4 - c_{pen}T_{en}} \tag{7-52}$$

式中，c_{pin}——HRSG 进口烟气比热，kJ/（kg · K）；

c_{pout}——HRSG 出口烟气比热，kJ/（kg · K）；

c_{pen}——环境空气定压比热，kJ/（kg · K）；

θ_4——HRSG 进口烟温，K；

θ_{13}——HRSG 进口烟温，K；

T_{en}——环境空气温度，K。

汽轮机循环做功 W_i 为：

$$W_i=D_H(h_{soH}-h_c)+D_L(h_{soL}-h_c) \tag{7-53}$$

式中，D_H——HRSG 中高压过热蒸汽流量，kg/s；

D_L——HRSG 中低压过热蒸汽流量，kg/s；

h_{soH}——HRSG 中高压过热蒸汽比焓，kJ/kg；

h_{soL}——HRSG 中低压过热蒸汽比焓，kJ/kg；

h_c——汽轮机实际排汽比焓，kJ/kg。

汽轮机循环吸热量 Q_0 为：

$$Q_0=D_H(h_{soH}-h_{wc})+D_L(h_{soL}-h_{wc}) \tag{7-54}$$

式中，h_{wc}——汽轮机凝汽器出口处的凝结水比焓，kJ/kg；

汽轮机效率 η_{st} 为：

$$\eta_{st}=\frac{W_i}{Q_0} \tag{7-55}$$

汽轮机功率 P_{st} 为：

$$P_{st}=\eta_{st}Q_0 \tag{7-56}$$

底循环效率 η_{bc} 为：

$$\eta_{bc}=\frac{W_{net}}{Q_{in}-Q_{out}} \tag{7-57}$$

式中，W_{net}——汽轮机净功，kW；

Q_{in}——进入 HRSG 烟气的热量，kJ/s；

Q_{out}——离开 HRSG 烟气的热量，kJ/s。

3. 联合循环

联合循环总输出功率 P_{cc} 为：

$$P_{cc}=P_{gt}+P_{st}=\eta_{gt}(G_fH_{ma})+\eta_{st}\eta_{yr}(G_fH_{ma}-P_{gt}) \tag{7-58}$$

联合循环整体效率 η_{cc} 为：

$$\eta_{cc}=\frac{P_{cc}}{G_fH_{ma}}=\eta_{gt}+\eta_{st}\eta_{yr}(1-\eta_{gt}) \tag{7-59}$$

联合循环发电热耗率 q_{cc} 为：

$$q_{cc}=\frac{3600G_fH_{ma}}{P_{cc}} \tag{7-60}$$

汽轮机输出功率与燃气轮机输出功率的比值，即燃功比 ζ 为：

$$\xi=\frac{P_{st}}{P_{gt}} \tag{7-61}$$

（三）联合循环机组数据初处理

要针对选定的运行参量进行检测及预处理工作，并进行数据离散化处理，将连续数据转换为类簇符号来参与后续的关联规则提取过程。

（四）优化目标值的确定

在电厂大数据分析平台上，以已经过检测及预处理的离散化数据为挖掘对象，采用

MP.Apriori 算法进行关联规则的挖掘提取，以获得符合条件的强关联规则，确定联合循环机组运行综合协同目标值。运行时，若通过调控，使实际运行参量落入当前工况下各运行参量的目标值区间，则有较高概率使机组热耗率落入优化目标区间。

（五）目标值结果分析

作为一个多源能量流耦合、多边界条件约束的能量转换系统，联合循环机组涵盖范围广，涉及设备多，其中仅燃气轮机组就分为压气机、燃烧室、涡轮机等单元设备。联合循环机组形式多样，仅从大类上就可分为常规联合循环、燃煤联合循环及新型联合循环，而根据设备的不同，每大类又可细分为若干种小类，因此，难以建立一个统一、完整、准确的热力模型，为了将联合循环系统的热力过程表述清楚，采用的关联规则目标值确定法在一定程度上规避了一些问题，以机组海量实际运行数据为依托，通过正确的数学原理和合理的挖掘技术确定优化目标值，可与热力机理的定性分析互为印证，具备较强的实际指导意义。

此外，将关联规则目标值确定方法应用于火电机组的实际运行优化中时，目标值的确定并非长时间固定不变，而是随着运行数据的不断更新而动态变化。在实际环境中，每一个运行工况均有最新的目标值用于机组运行优化的指导，目标值的时效性与动态性均得到较好体现。机组目标值的结果将会以柱状图及数值的形式在性能监测诊断系统中实现可视化，便于运行人员参考分析。

第四节　基于大数据的综合能效评估体系

一、能效评估基本方法

（一）综合能效评估研究意义

为了保障和促进火电发电机组的正常运行和节能降耗，一个科学合理、客观公正、健全完备的综合能效评估体系必不可少。构建火力发电机组的综合能效评估体系属于多属性决策范畴 PM，即以机组可靠性指标、经济性指标、技术监督指标、节能减排指标等指标为依托，以客观公正、科学准确为原则，构建科学量化的综合评估机制和架构，通过开展多层次、多指标的分析、评判，以期反映出火电机组的实际效能和运行状况，并给出综合的能效评价。通过对火电机组实际运行状态、能效利用的反映，可全面掌握机组的运行规律、能耗分布，针对运行维护、故障诊断的薄弱环节，规范制度、改良设备，在提升一线运行人员运行维护专业素养的同时又增强了机组设备的安全性、可靠性及稳定性，强化管理维护工作人员的运行优化和节能降耗意识,促进厂站间、机组间的生产竞赛、管理交流,进而达到提升厂站核心竞争力、加快建设绿色电厂的最终目的。因此,对火电机组综合能效评估体系进行系统、深层次的研究,具有重大的经济意义和现实意义。

(二)能效评估传统方法

自20世纪80年代第一届火电机组竞赛创办以来,每年的机组竞赛都如约举办。我国火电机组这些年在安全性、可靠性、稳定性、节能性等方面的进步均在机组竞赛上一一凸显。机组竞赛的举行在促进发电集团间、火电厂站间技术沟通、经验交流的同时,也推动了我国发电工业的蓬勃发展。但是机组竞赛一般采用传统的评估方法进行评价打分,往往通过单一特定角度对机组的运行状态与实际效能进行考量,忽视了对其他指标的考查与评判,针对火电机组整体的能效综合评估没有建立一个健全完备、流程统一的评估机制。例如煤耗率这一经济指标常被作为主要判定依据针对机组给予评价,但是依靠单一指标的评估方法已经难以契合如今多元化发展、多指标评价的综合评估理念。随着综合评估理念的不断更新,传统评估方法由于一定程度上的片面和单一,其局限性不可避免地显露出来。

火电机组的传统能效评估方法主要分为两大类,分别为定性评估方法和技术经济评估方法。定性评估方法包括专家会议讨论法、公式指标打分法及德尔菲法,基本以专家讨论、打分、意见为依据进行评判,当比较机组样本数、性能指标数量均较少时,定性评估方法由于操作简单、成本较低有着其独特的优势;但随着机组样本及评估指标的增多,且专家讨论、评议大多定性为主,难以将结果定量化,尚未建立统一的评判准则,说服力略显匮乏,同时由于专家打分所用的主要是经验公式,计算过程烦琐、步骤复杂,也会给评价、统计带来一定障碍。因此,定性评估法由于人为因素占比过高,整个评价过程主观性较明显,在准确精度、客观方面难免有所局限。

技术经济评估方法分为技术指标评估方法和经济指标评估方法,分别以技术指标、经济指标作为机组性能评价的主要标准,将其他指标作为隐性指标,评价标准显得较为单一和片面,缺乏对机组整体性能的考量,也没有将机组能效指标与外在约束条件进行统一,难以适应如今能效综合评估体系的发展。

(三)新兴性能评价方法

针对传统性能评价方法的缺陷和局限,相关研究人员逐步借鉴数学统计、机器学习、数学挖掘的技术方法建立综合性能评价模型,比较著名的有模糊综合评价法、层次分析法、多目标分析法、因子分析法、主成分分析法、信息熵法、灰色关联分析法、TOPSIS(Technique for Order Preference by Similarity to Ideal Solution,优劣解距离法)、投影寻踪法、支持向量法等。

模糊综合评价法和多层次分析法在一定程度上还是依靠专家主观打分，人为因素色彩较浓，导致其客观性有所保留。因子分析法和主成分分析法的核心思想是降维，用少量相互独立的变量代替原先多个变量，剔除冗余信息，在技术允许范围内最大限度地保留原有变量的信息。其他新兴评价方法也基本以机组客观数据（可靠性指标、经济性指标、技术监督指标、节能减排指标等指标）为研究对象，以多指标评判为基础，通过确定各指标的权重系数明确各指标的重要性，继而构造综合评估机制，计算出各机组、各方案的能效指数（综合得分）用于最终的评判和比较，可直观反映出各机组、各方案综合性能的优劣程度及具体差距所在。与传统方法相比，新兴评估方法以客观数据为依托，涉及指标多，评价更加全面，应该以以往评估方式的定性化、模糊化，将评价结果具象化、数据化，客观性、科学性、综合性值得借鉴。不足之处是注重综合评估的同时对指标细节的处理略有疏忽，具体能效指标对机组的实际定量影响没有得到很好的体现。

（四）能效评估体系构建新思路

在火力发电领域，虽然仍有缺陷，但燃煤机组的性能综合评估已经取得一定成果。反观燃气机组，特别是燃气—蒸汽联合循环机组，尚未建立起一套完整统一、科学客观的综合能效评估体系。作为一个复杂多变的连续生产系统，燃气—蒸汽联合循环系统具有非线性、大延迟、大惯性等特性，涉及多能源发电产热互补、多时间尺度协同耦合等复杂机理，与燃煤发电系统相比，联合循环系统的综合评估体系的建立更复杂，也更有挑战性。

可通过借鉴燃煤机组评估方法，以联合循环机组为研究对象，对传统方法主观性、片面性的局限以及新兴方法细节处理欠缺的不足予以改进，融合两类方法的优势，建立一套基于气耗敏度分布及改进主成分分析的能效评估综合体系。该体系兼具定性化和定量化功能，既可反映单一性能指标并将某一具体参数对性能的实际影响动态数值化、实时可视化，又可依靠对诸多指标权重系数的确定构建综合能效评估模型，进而评估判定机组的综合运行状况，从而评价各厂站、各机组、各方案的优劣并针对差距所在提出改进建议。

二、气耗敏度分析

鉴于现有研究鲜有分析联合循环机组气耗增量问题，特将气耗敏感度概念引入联合循环机组的能效评估中。从数理角度分析，联合循环机组的气耗可用如公式（7-62）所示的多元函数方程来表达：

$$y=f(x_1, x_2, x_3, \cdots x_i, \cdots, x_n) \tag{7-62}$$

其中，y 代表联合循环机组的气耗值，$x_i(i=1-n)$ 代表与机组气耗息息相关、联系紧密的各运行参数，如燃气轮机进气压力、排气温度、余热锅炉排烟温度、汽轮机高压主蒸汽压力等参数。考虑到在实际正常运行中，运行参数的实际值与目标值之间偏差较小，在进行气耗全增量数理分析时可认为各运行参数相互独立，线性无关，假定公式（7-62）连续可用，那么运行参数分别为实际值和目标值时所对应的两个气耗值的全增量可表示为：

$$\Delta y = y_1 - y_0 = f\left(x_{11}, x_{21}, x_{31}, \cdots x_{i1}, \cdots, x_{n1}\right) - f\left(x_{10}, x_{20}, x_{30}, \cdots x_{i0}, \cdots, x_{n0}\right) \tag{7-63}$$

式中，Δy——气耗全增量；

$x_{i1}(i=1\sim n)$——各运行参数的实际值；

$x_{i0}(i=1\sim n)$——各运行参数的基准值；

y_1, y_2——运行参数为实际值、目标值时的气耗值。

令 $\Delta x_i = x_{i1} - x_{i0} \quad (i=1\sim n)$，$\Delta x_1$ 即为实际值与目标值的偏差值，对公式（7-63）进行泰勒展开，可得：

$$\Delta y = \frac{\partial f}{\partial x_1}\Delta x_1 + \frac{\partial f}{\partial x_2}\Delta x_2 + \frac{\partial f}{\partial x_3}\Delta x_3 + \cdots + \frac{\partial f}{\partial x_i}\Delta x_i + \cdots + \frac{\partial f}{\partial x_n}\Delta x_n + o(\rho) \tag{7-64}$$

其中，$\frac{\partial f}{\partial x_i}\Delta x_j(i=1\sim n)$ 为 y 沿 x_1 方向的偏导数。当实际值无限接近目标值时，$\left|\Delta x_i\right|$ 无限趋近于 0，高价无穷小 $o(\rho)$ 可约去，公式（7-64）可表达为：

$$\Delta y = \frac{\partial f}{\partial x_1}\Delta x_1 + \frac{\partial f}{\partial x_2}\Delta x_2 + \frac{\partial f}{\partial x_3}\Delta x_3 + \cdots + \frac{\partial f}{\partial x_i}\Delta x_i + \cdots + \frac{\partial f}{\partial x_n}\Delta x_n \tag{7-65}$$

令 $Dx_i = \frac{\partial f}{\partial x_i}\Delta x_i \quad (i=1\sim n)$，表示因运行参数 x_1 偏离引起的气耗增量，即为运行参数 x_i 的气耗敏度。

$$\Delta y = \sum_{i=1}^{n} Dx_i \tag{7-66}$$

三、改进主成分分析法的综合评估应用

（一）主成分分析法

在燃气—蒸汽联合循环机组的综合评估中，由于联合循环机组热力机理的复杂性、多能互补的独特性、工业设备的多样性，我们需提供足够多的性能指标予以综合分析评估，如可靠性指标、经济性指标、技术监督指标、节能减排指标等。足够多的评价指标确

实能在一定程度上提高综合评估的完备性和全面性,从而避免了传统评估方法的片面性和单一性,可以从多个角度、多个层面对机组性能、状态进行多重分析以达到综合评估的预期效果。

但是各指标都反映机组一方面性能,难免具有相关性。随着指标量的增大,各指标所蕴含的机组信息不可避免地存在交叉现象,如果只是一味追求多指标分析,忽略了指标间应具有的独立性,这种信息交叉会更为严重,在综合评估时将造成对某些性能的重复分析,不仅消耗了计算资源,还会给最终的评估结果带来误差,降低了评估体系的准确性和科学性。同时,随着性能指标的增多,还需为各性能指标规定权重指数以确定各指标在最终评估中所占比重,这些权重指数在以往的评估中大都依靠专家的经验作为依据,人为主观设定,准确度受人为因素影响较大,在客观性方面有所局限。

针对上述现象,在综合评估时需考虑到各指标间的相关性,进而减少可能存在的信息重叠,保证各指标蕴含机组信息的纯粹性和独立性,而主成分分析法可有效解决此类问题。主成分分析法的核心功能为降维与消除相关性,其实质为在保留原有指标信息量不变的前提下,通过线性变换的方法生成一个全新的、较小的指标集合以代替原有的指标集,在新指标集合中,指标数大为减少且相互独立,信息交叉现象得以消减,信息本质予以留存。因此,可采用主成分分析法对众多性能指标进行信息筛选、数据简化,以提高综合评价的科学性和真实性。

以形如

$$X=\begin{pmatrix} x_{11} & x_{12} & \cdots & x_{1p} \\ x_{21} & x_{22} & \cdots & x_{2p} \\ \vdots & \vdots & & \vdots \\ x_{n1} & x_{n2} & \cdots & x_{np} \end{pmatrix} \tag{7-67}$$

的机组性能参数集合为研究对象,该集合共包括 n 个样本的 $n \times p$ 项指标值,x_{ij} 代表第 i 个样本的第 j 项指标,主成分分析评估法的基本步骤如下:

1. 指标数据规范化

通过对性能指标值的统一规范化,使所有性能指标值落入相同区间,以消除定义域较大指标对定义域较小指标的支配。规范化方法为:

$$x_{ij}^{*}=\frac{x_{ij}-\overline{x_i}}{\sigma_i} \tag{7-68}$$

式中,$\overline{x}_i$,σ_i——第 j 项指标值的平均值和标准差。

则有

$$\overline{x_i}=\frac{\sum_{i=1}^{n}x_{ij}}{n} \tag{7-69}$$

$$\sigma_i=\sqrt{\frac{\sum_{i=1}^{n}\left(x_{ij}-\overline{x_i}\right)^2}{n-1}} \tag{7-70}$$

2. 生成规范指标相关系数矩阵

规范化后的性能参数矩阵

$$X^*=\begin{pmatrix} x_{11}^* & x_{12}^* & \cdots & x_{1p}^* \\ x_{21}^* & x_{22}^* & \cdots & x_{2p}^* \\ \vdots & \vdots & & \vdots \\ x_{n1}^* & x_{n2}^* & \cdots & x_{np}^* \end{pmatrix} \tag{7-71}$$

计算其相关系数矩阵 R,可得

$$R=\frac{1}{n}\left(X^*\right)^* X^* =\begin{pmatrix} r_{11} & r_{12} & \cdots & r_{1p} \\ r_{21} & r_{22} & \cdots & r_{2p} \\ \vdots & \vdots & & \vdots \\ r_{p1} & r_{p2} & \cdots & r_{pp} \end{pmatrix} \tag{7-72}$$

3. 求解矩阵 R 的特征值及特征向量

根据特征值方程

$$\left|R-\lambda_j E\right|=0 \tag{7-73}$$

可求得 p 个特征值,$\lambda_1,\lambda_2,\ \cdots\lambda_p$,其中 $\lambda_1\geqslant\lambda_2\geqslant\cdots\geqslant\lambda_p$,与其对应的特征向量为

$$U_1=\begin{pmatrix}\mu_{11}\\ \mu_{21}\\ \vdots \\ \mu_{p1}\end{pmatrix},U_2=\begin{pmatrix}\mu_{12}\\ \mu_{22}\\ \vdots \\ \mu_{p2}\end{pmatrix},\cdots,U_p=\begin{pmatrix}\mu_{1p}\\ \mu_{2p}\\ \vdots \\ \mu_{pp}\end{pmatrix} \tag{7-74}$$

4. 确定主成分及主成分个数

设定主成分为 $Y_j=X_i^*U_j(i=1,2,\cdots,n;j=1,2,\cdots,p)$，则主成分可按“重要性”依次排序如下：

$$\begin{cases} y_1 = x_{i1}^* \mu_{11} + x_{i2}^* \mu_{21} + \cdots + x_{ip}^* \mu_{p1} \\ y_2 = x_{i1}^* \mu_{12} + x_{i2}^* \mu_{22} + \cdots + x_{ip}^* \mu_{p2} \\ \quad\quad \vdots \quad \vdots \quad \vdots \\ y_p = x_{i1}^* \mu_{1p} + x_{i2}^* \mu_{2p} + \cdots + x_{ip}^* \mu_{pp} \end{cases} \tag{7-75}$$

其中，各主成分相互独立，满足$\mathrm{cov}\left(y_i, y_j\right) = 0 \quad (i \neq j, i, j = 1, 2, \cdots, n)$

第 m 个主成分 y_m 的方差贡献率为

$$\alpha_m = \frac{\lambda_m}{\sum_{j=1}^{p} \lambda_j} \tag{7-76}$$

则前 m 个主成分 $(m \leqslant p)$ 的累积方差贡献率为

$$v_m = \frac{\sum_{j=1}^{m} \lambda_j}{\sum_{j=1}^{p} \lambda_j} \tag{7-77}$$

设置方差贡献率下限值为 k，若 $v_m \geqslant k$ 且 $v_{m-1} < k$，则可认为前 m 个主成分已代表足够多的信息，剩下的主要成分均可省去。

5. 组建综合评估公式

$$F_i = AY_j = \alpha_1 y_1 + \alpha_2 y_2 + \ldots + \alpha_m y_m \tag{7-78}$$

将样本各性能指标值带入综合评估公式计算，即可得到各样本的评估分数，进而可排序比较样本优劣性。

综上所述，主成分分析法通过对初始指标矩阵的规范化，消除量纲和数量级的影响；对高维指标矩阵进行变换与综合，将之简化为低维指标集合，从而达到降维的目的；利用线性变换生成的主成分之间相互独立，减轻了相关性的影响；采用通过数据计算生成的主成分方差贡献率作为权重系数，减少对专家咨询的依赖，有效简化研究对象，合理节约计算资源。

（二）改进后的主成分分析法

主成分分析法由于其简捷性、客观性等优势，已经在各行业领域得到广泛应用，并取得良好效果。但是在实际应用中，如果照搬传统方法对实际问题进行综合评估，尚存在一些问题，值得商榷和改进。一方面，传统的主成分分析法通过规范化将初始指标矩阵变成标准矩阵，使样本单指标的平均值为 0、方差为 1，将协方差矩阵转换为相关系数矩阵进行求解，而相关系数与指标间的线性相关程度有关，传统方法求解相关系数矩阵，重点研究的是指标间的线性相关程度，计算结果与指标间线性相关性呈正相关关系，对实际情况中指标间存在的非线性相关程度有所疏忽，难免导致最后分析结果的片面性。另一方面，传统方法组建综合评估方程时，将方差贡献率作为各主成分的权重系数，有一定的主观性，且降低了第一主成分的信息权重，削弱了主成分在处理变异性数据上的优势。因此，可以针对上述两点不足进行如下改进：

1. 变换改进

对于传统方法线性变换的不足，通过趋势化变换，对数据中心化变换进行改进。

（1）通过针对形如式（7-67）的初始矩阵，为确保对数中心化变换的顺利进行，需先进行指标正向化，即对正向指标维持原状，不做处理；对指标值越小越好的逆向指标及存在理想基准值的适度指标分别做如式（7-79）及式（7-80）的处理：

$$x_{ij}=M-x_{ij} \text{ 或 } x_{ij}=\frac{1}{x_{ij}} \tag{7-79}$$

$$x_{ij}=M-\left|x_{ij}-k\right| \text{ 或 } x_{ij}=\frac{1}{\left|x_{ij}-k\right|} \tag{7-80}$$

式中，M——适量正数；

k——x_{ij}的基准值。

通过趋势化变换，保证各项指标均为正相关。

（2）进行如式（7-81）所示的对数中心化变换：

$$z_{ij}=\lg x_{ij}-\frac{1}{p}\sum_{j=1}^{p}\lg x_{ij} \tag{7-81}$$

（3）对新生成的Z矩阵，求其协方差矩阵S，并对其进行主成分分析，求得主成分得分矩阵$F=(f_{ij})_{n\times m}$：

$$S=(S_{ab})_{p\times p} \tag{7-82}$$

其中，

$$s_{ab}=\frac{\sum_{t=1}^{n}\left(z_{ta}-\overline{z_a}\right)\left(z_{tb}-\overline{z_b}\right)}{n-1} \tag{7-83}$$

$$\overline{z_a}=\frac{\sum_{t=1}^{n}z_{ta}}{n} \tag{7-84}$$

$$\overline{Z_b}=\frac{\sum_{t=1}^{n}Z_{tb}}{n} \tag{7-85}$$

2. 焓值法改进

对于传统方法权重系数赋值的不足，引入信息熵理念来加以确定。信息熵概念经验不断发展，演化成熵值法。在信息熵理论里，设定每种状态出现的频率为 p_i，$(i=1,2,\cdots,n)$，则信息熵可定义为：

$$E=-\sum_{i=1}^{n}p_i\ln p_i \tag{7-86}$$

信息熵被用来度量系统有序化程度及信息量的大小，对于一个指标，指标权重越大，其确定性越强，有序度较高，可变概率低，信息量较少，则信息熵越小；反之，若指标权重较小，则其有序度较低，信息量大，反映信息熵较大。因此，权重与信息熵呈反相关关系，可用熵值法确定指标的权重。

（1）在主成分得分矩阵 $F=(f_{ij})_{n\times m}$ 中，针对指标列 j 计算出每个样本 i 该指标的概率值：

$$p_{ij}=\frac{f_{ij}}{\sum_{j=1}^{n}f_{ij}} \tag{7-87}$$

（2）计算指标 j 的归一化信息熵：

$$e_j=-\frac{1}{\ln n}\sum_{i=1}^{n}p_{ij}\ln p_{ij} \tag{7-88}$$

（3）通过熵值计算指标 j 的权重，即第 j 主成分的权重：

$$a_j=\frac{1-e_j}{\sum_{j=1}^{m}\left(1-e_j\right)} \tag{7-89}$$

（4）构造综合评估函数：

$$v_i=\sum_{j=1}^{m}a_j p_{ij} \tag{7-90}$$

综上所述，得到改进主成分分析综合评估方法流程。首先，通过指标正向化处理及对数中心化变换完成评价指标的变换，消除指标间由于数量级差异造成的相互影响；其次，针对变换后的评价指标值矩阵，求其协方差矩阵，通过求解协方差矩阵的特征值及特征向量，确定主成分数量及形式；再次，利用主成分求解各样本数据的得分矩阵，然后采用熵值法确定各主成分的权重系数；最后，确定综合评估函数，对各样本进行打分评价。

以多组试验数据进行改进算法应用测试，结果表明改进后的算法确实能够利用熵值法合理确定各主要成分的权重，切实解决实际需求。

第八章　能源大数据应用实施推广与保障

第一节　面向能源大数据的政策与资源支持

随着技术的进步，能源大数据将在国家能源战略、能源规划和能源管理等各个方面发挥重要作用。如何利用能源数据资源发掘知识、降低能耗、提升效率、促进节能减排，使其为国家治理、企业决策乃至个人生活服务提供有效的支撑手段，是能源大数据技术的追求目标。

一、加强政策支持

能源大数据作为日益重要的国家基础性战略资源，正在催生一场史无前例的信息革命、产业革命和管理革命，深刻地影响社会经济生活和时代发展进程。

（一）大数据服务产业发展

1. 数据分析

诸多传统数据处理公司在数据分析领域具有明显优势。然而，基于开源软件基础架构 Hadoop 的诸多数据分析公司最近几年呈现出爆发式的增长。

2. 数据的解读

将大数据分析所产生的数据层面的结果还原到具体的行业问题。数据分析公司在其已经熟知的业务上，通过加入行业知识成为此环节竞争的佼佼者。同时，因大数据的发展应运而生的专业数据还原公司也开始蓬勃发展。

3. 数据的显化

这一环节中，大数据开始真正地帮助管理实践。通过对数据进行分析以及具象化，将大数据推导出的结论进行量化计算，并应用到行业中去。这一环节需要行业的专业人员，通过大数据给出的量化推论，结合行业具体实践制定出真正能够改变行业发展的计划。

（二）能源大数据的政策支持需求

我国当前仍处于大数据发展的初级阶段，而由于能源大数据关乎国家能源战略、能源安全，更需要得到充分的重视和关注。目前，能源大数据的应用可依托国家对大数据的各项支持政策开展，但针对能源大数据领域，目前在政策、法律法规、行业标准等方面尚未形成初步完备的体系。企业、社会公众对能源大数据认识不足，仅仅依靠能源企业的力量，较难实现稳步发展，亟需政府在政策、资金等方面给予支持和倾斜。

能源大数据的推广与应用需要政府的大力支持，因为在大数据时代背景下，越来越多的企业希望借助数据资产积累和数据分析挖掘技术等创造更多经济价值，由此引发包括数据版权纠纷、用户隐私泄露等在内的一系列问题。一直以来，大数据在隐私方面都存在巨大挑战。一方面，能源类数据属于涉及国家安全的涉密数据，具有保密属性，需要政府在宏观层面进行有效的管控，以保证在安全可控的前提下发挥数据价值；另一方面，当前在数据分析和数据共享层面的立法和监管仍不明确，对企业能源消费、能源使用习惯、身份特征等数据的泄漏暂时没有明确的处理措施，因此能源类数据需要从国家层面建设完善健全的政策和法规，以此激励能源类数据的生产和共享。

二、满足人才需求

每一项科技的进步和推动都在很大程度上依赖于教育和人才，大数据的发展也离不开人才的作用。一项调查结果显示，在大数据时代，企业面临的最大挑战是缺乏专业的大数据人才，这也是影响大数据市场发展的重要因素之一。

（一）大数据人才培养情况

面对企业越来越多的数据管理领域用人需求，国内外高校发挥自身优势制定了相关的专业及人才培养计划。从国际上看，美国阿肯色大学小石城分校设立了信息质量专业，与麻省理工学院的首席数据官展开信息质量项目合作，专门针对数据管理相关内容进行专业化人才培养。斯坦福大学开设信息管理与分析专业，覆盖了当今最前沿的数据库与信息管理系统技术及海量数据挖掘方法。加州大学伯克利分校设立数据科学工程硕士和信息与数据科学硕士两个专业，立足前沿技术，教授综合技术和企业运营的技能，培养学生的数据综合能力。从国内看，清华大学成立了清华—青岛数据科学研究院，并开始培养首批大数据硕士，专业方向包括大数据、数据科学与工程专业。复旦大学成立大数据学院和大数据研究院，以计算机科学、统计学为支撑学科，开展大数据相关的科学研究、人才培养和产业创新与产业转化。国内几十家院校获批成立数据科学与大数据技术本科专业，从理论、实践和应用角度出发，培养具有多学科交叉能力的大数据人才。

（二）能源大数据的人才需求

能源大数据对大数据专业人才提出了更高的要求，既要求从业人员充分掌握数据分析、数据价值挖掘等专业知识和技术，又要求从业人员对能源行业概况、运行情况、相关能源知识等有足够的了解，从而更好地实现能源大数据的应用。从事能源大数据的专业人才需要涉及的内容包含能源管理、能源经济、数学、统计和计算机等学科。因此，能源大数据人才主要应具有以下三方面素质：一是扎实的理论性知识，即充分理解能源科学和数据科学中的模型，并能够熟练地运用；二是实践操作性的能力，主要是针对能源领域的分析应用场景，利用工具处理实际数据的能力；三是应用及分析能力，主要是应用大数据的方法来阐述并解决能源行业的具体问题，并进行价值判断和价值分析的能力。

未来，能源大数据人才缺口还会进一步扩大，需要社会、高校和企业共同努力去培养和挖掘。

三、超前技术储备

（一）当前大数据技术发展现状

我国互联网企业具备快速学习模仿能力，可以将国际先进的开源大数据技术应用于自身系统中，并构建包含上万个集群的大型系统。但互联网公司缺乏大数据原创技术，对开源社区的贡献力较弱，难以对前沿技术路线形成影响。同时，由于本土开源社区等大数据产业组织发展滞后，国内领先企业在大数据方面的技术创新扩散力度不足，能源大数据发展也面临着开源、技术创新等问题。

（二）能源大数据的技术储备需求

从能源大数据具体发展形势与方向来看，在数据源获取、数据存储、数据安全等方面的技术仍有待突破。

1. 存储技术必须跟上

随着能源大数据应用的发展，它将逐步衍生出自己独特的架构，需要配套的存储、网络及计算技术的支撑。毕竟处理海量大数据这种特殊的需求是一个新的挑战，对存储技术提出了更高的要求。同时，能源大数据包含着众多非结构化数据，具有数据来源多样化等特征，而能源企业多为传统企业，信息化建设水平不能较好地满足能源大数据应用实施推广与保障现阶段能源大数据的发展需求，以往的存储系统设计较难支撑能源大数据应用的需求。

2. 容量问题有待解决

一定等级的扩展能力是海量能源数据存储系统的必需条件，且这种容量扩展一定要简便，如可以通过增加模块或者磁盘柜的方式来实现容量扩展。这种对扩展能力的需求催生了 Scale-out 架构的存储技术，这种技术的特点和传统的烟囱式的架构不同。Scale-out 架构不仅每个节点都有一定的存储容量，而且内部还具备一定的数据处理能力和互联设备，这样的设计可以使数据系统进行无缝平滑拓展，避免了“数据孤岛”现象。能源大数据具有海量数据的特点，这意味着文件数量庞大，因此需要处理如何有效地管理文件系统层累计的元数据的问题。若处理不当，将极大地影响到系统性能及拓展性。

3. 实时性有待提高

能源大数据应用对实时性的要求更高。尤其当涉及用户实时用能信息、实时能源交易等数据时，这就要求存储系统必须保持较高的响应速度。此外，在能源大数据时代，还要针对用户并发访问的特性，通过技术改进，提升用户访问体验。企业将更多的数据集纳入数据系统，供企业自身分析使用并向用户提供数据共享服务。数据系统必须能够满足多主机、多用户并发访问多平台文件数据的需求，因此，包括全局文件系统在内的存储基础设施必须具有解决数据访问需求的功能。

4. 安全性仍需加强

石油、电力等能源资源涉及国家能源战略安全，行业自身有一定的安全标准和保密性需求。虽然对大数据的管理来说，安全性是必须遵循的，但是能源大数据具有更加特殊的特点，需要参考多类数据，因此能源大数据的应用需要考虑一些新的和重要的安全性问题。

综上，所述能源大数据与传统大数据一样，需要对数据运用，这必然需要与大数据相关的技术提供有效的支持手段。根据能源大数据的特征，能源数据的采集和存储是需首要解决的技术难题。同时，考虑到能源行业的特殊性及能源大数据的复杂性，能源大数据对于容量、安全以及实时响应等方面的技术也有较高的要求。

四、夯实行业基础

随着信息化时代的发展，数据的总量呈现出指数式、持续性增长，大数据产业成为信息化时代催生的产物。能源行业本身会产生大量的大数据，这些数据涉及清洁能源供应、控制能源消费、降低能耗、建筑物节能降耗和智能电网建设等多个方面，电力、石油等能源行业纷纷制定了大数据应用开发战略。大数据技术可以实现从海量的能源数据中获取有价值的信息，为公司现状评估和未来决策提供科学的依据。因此大数据技术可以帮助能源企业充分利用大数据，挖掘大数据的价值，改进企业运营效率。

对石油行业而言，由于石油储备逐年减少，石油石化行业勘探、开发的难度日益增大，通过产量带动增长已成为历史，信息化技术的应用已成为增长的重要因素之一。国内石油企业把更多的目光投向战略决策、科技研发、生产经营、安全环保等领域中新技术的应用，目的是从大数据中获取有价值的信息，优化企业经营决策，实现价值提升。因此大数据应用在我国石油石化行业的应用越来越广泛，这是石油石化行业信息化发展、IT与业务深度融合的必然结果。

就电力行业而言，大数据应用是电力企业深化数据应用、提升决策水平、优化管控的重要技术手段。近年来，电力企业开发各类IT应用系统对业务流程基本覆盖，业务数据量快速增长，初步解决了电力行业数据收集和存储的问题，但是数据定量化分析和挖掘有效信息方面的技术还有所欠缺。这就需要电力企业开发大数据分析技术，充分利用现有的数据资产。以智能电网为例，安全稳定的运行技术、先进可靠的配电网与共用技术及微电网技术等是保证电网互联的重要技术保障。因此，实现传统电网向智能电网的转型，包括消纳波动性可再生能源、提高电网运营效率、需求侧管理、电网自愈能力提升等都需要采集、分析并有效应用大数据。现阶段，欧美发达国家正积极展开相关研发与部署。能源大数据技术的有效利用是保障能源大数据的规模化推广的必要手段。

第二节　多方参与的能源大数据应用模式

能源行业的产业链结构和生态结构都较为稳定，但是随着互联网、物联网以及智能化技术水平的发展，大数据逐渐深入能源行业。在能源大数据的驱动和引领下，能源行业正在发生变革，而能源大数据产业化发展趋势，要求产业链相关方采取相应的行动。

一、落实政府责任

能源行业是关乎国家安全的重要行业，能源大数据是政府进行市场监管和协调的重要依据，是保障能源安全的重要基础。当前，我国能源数据体系发展较为滞后，数据种类、数量较少，数据质量低，信息采集渠道不通畅，数据传达具有时滞性，不便于政府准确认识能源行业现状和能源的统筹规划，也不便于能源企业运行协调和应急管理。因此，政府、企业和相关机构应积极开展合作，搭建能源大数据平台，按照行业类型建立不同流程、环节的基础数据库，建立能源数据从采集、处理、分析，到预警、预测的全流程体系，及时掌握能源行业运行的准确现状，提升政府在能源规划决策上的科学性、准确性和时效性。

能源大数据的发展需要社会各界的协同配合。从政府层面来看，一是国家需要对能源大数据相关企业提供政策性的支持，加强对能源大数据的推广应用，促进产业链成熟，避免企业闭门造车，导致既不开放，也没有拉动整个产业链发展，而是需要从更大的范围、从整个产业链的层面来进行研发和推进。二是从更高层次上建立国家级别的能源大数据标准化体系，促进能源大数据平台之间的互联互通，从而带动能源大数据产业的共同发展。标准化主要涉及标准主体、切入点、运营、建设等方面。三是加强数据安全意识，制定数据安全和用户隐私保护等方面的法律法规。通过法律保障用户权益，让用户更加信赖大数据产品，愿意提供个人数据来进行数据参考。

二、鼓励企业参与

从企业角度来看，传统的能源企业是能源行业的供给者，为全社会提供基础能源资源，而其他类型的社会企业，主要作为能源资源需求方利用能源。在能源大数据时代，能源企业除了作为能源供给者之外，也成为大量能源数据的管理者，而其他类型社会企业，除了扮演能源资源需求方的角色外，也成为能源数据的实际所有者，因此，能源大数据的发展需要企业的积极参与，在保障用户隐私、安全的情况下，适度进行数据共享。

能源行业企业对能源大数据的应用，主要目的在于更好地为用户提供能源服务，或由能源利用衍生出其他增值服务。能源也可以通过四种渠道获得数据并实现数据应用：一是通过来自政府的数据，了解资源现状、市场状态和政策动向，更好地进行能源生产和制定资源分配决策，可大大降低企业决策失误带来的经济损失；二是有了来自能源市场有影响力的机构的数据，企业可以更加清楚地获取市场运行动态、竞争者的动向甚至市场价格的波动，并采取相应的行为决策，促进能源行业市场化改革；三是来自客户的数据，企业通过依法获取的用户数据，了解消费者的消费行为，挖掘用户潜能，扩大市场需求，科学管理客户对能源的需求，调整能源供给结构，从而提高能效；四是来自企业内部运行管理的数据，企业可通过采集自身经营管理中产生的数据，分析企业的运营情况，发现存在的问题，最终实现效率提升、运行安全稳定、价值增长的目标。

其他行业企业对于能源大数据的利用，重点强调以用户为中心，根据用户的能源行为数据分析，开发与用户需求高度吻合的产品和服务，进一步发展定制化服务，由此更好地满足用户需求。但是，在能源大数据应用过程中，企业也要培养安全意识，保障用户的隐私。

能源大数据作为一种新的资产类别，可直接在经营中获得收益。具有代表性的企业是 Opower、Western Power Distribution 和 VISA。

家庭能源管理公司 Opower 的服务对象实质上为电力企业，运营模式为 B2B 模式（企业对企业）。电力企业为 Opower 提供用户的用能数据，并购买 Opower 服务免费提供给家庭用户使用，用户无需安装任何智能设备。Opower 将用户的用能数据及其他相关数据整合后进行深入分析和挖掘，为用户提供个性化家庭能源管理综合解决方案，目标是帮助家庭用户实现节能。电力公司通过 Opower 了解用户用能方式，评判智能电网投资的成败，改善营销服务，为用户塑造节能环保的形象还能提高用户满意度，改善电力公司与用户之间的关系。尤其是在美国加利福尼亚州等对能源消费实行严格管制的州，政府强制要求电力公司帮助用户降低其能耗，Opower在改善电力公司和用户之间关系等方面的作用更为凸显。

Opower的核心竞争力来源于数据分析与人类行为科学的有效结合。Opower基于云平台与大数据分析技术将用户的用能数据及房龄信息、周边天气等数据整合后进行深入分析和挖掘，建立家庭耗能档案，提出节能建议，结合人类行为科学，将电力账单引入社交元素，通过邻里之间用能的比较和竞争有效激发用户的节能意愿。

Western Power Distribution（WPD）是英国大型配电公司，经营范围覆盖西南英格兰、南威尔士、东米德兰兹和西米德兰兹。WPD在遵循公司数据服务相关规定的基础上，向其个人及电力供应商"客户"提供数据服务，并按月收取费用。WPD当前可提供包括计量点数据在内的七大类数据服务，并设立相应的收费标准。

VISA的数据部门收集和分析了来自两百多个国家的几十亿个信用卡用户的百亿条交易记录，用来预测商业发展和客户的消费趋势，在充分进行数据脱敏、确保网络数据安全的基础上，将数据挖掘成果产品化，然后在卖给其他公司，实现数据产品的经营推广。

电网企业掌握的用电消费信息、各产业平均电耗、居民家电能耗等大数据蕴含着巨大商业价值，在不影响电力安全与国家安全的前提下，通过二次加工与处理，能够开发成为具有市场价值的数据产品，为政府、金融机构、工业企业、科研机构等提供服务。

第三节　能源大数据应用推广实施路径

一、设计实施路径

从产业实施角度来看，能源大数据的应用部署还需要依赖以下具体路径：

（一）依托大数据产品的发展路径

如通用公司研发了一种结合大数据应用技术的风机，这种风机融合了能量存储和衔接的预测算法，每秒可分析上万个数据点，并可以灵活地操控120米长的长叶片。此外，这种风机还能无缝地将数据共享给相邻风机、技术人员和客户，这一风机产品比传统风机在效率和电力输出上有大幅度的提高。

（二）依托能源管理智能化发展路径

一方面，可以通过大数据分析天然气等其他能源的交易量等数据，预测能源消费、管理客户用能、提高能源效率等；另一方面，大数据可与电网融合形成智能电网，实现从发电到用电的全流程监控，涉及的技术有大规模新能源发电及并网技术、分布式能源接入技术、智能输电技术、自动配电技术、用电信息采集技术、需求管理技术、储能技术等，是未来电网的发展方向。

（三）依托城市基础设施建设路径

城市具有较好的信息通信基础，因此以城市为依托，建设智能城市是大数据未来的发展方向。包括纽约、芝加哥、西雅图在内的很多城市，向公众开放数据，鼓励大众参与到智慧城市的建设中。

（四）能源互联互通的基础网络实施路径

在能源领域中，电力系统具有其特殊性，电网是发、输、配、用一体化的巨型网络，发电则连接着多种发电电源和储能设备，而用电则连接着大量的农业用户、工商业用户和居民用户。整个网络都安装了各式各样的传感器，每时每刻都会产生海量的实时数据，电能传输的网络也是数字信息传递的网络。这是成为能源大数据赖以生存和发展的重要基础网络。

中国能源的开发和利用技术具备一定基础和经济性，已形成了规模化产业运作，但是对能源管理技术创新的认识不足，导致能源智能管理的相关研究还处于起步阶段。而包含着储能技术和智能电网技术等技术的能源智能管理技术，是未来促进可再生能源发展，能源、经济可持续发展的关键。企业有必要充分认识到能源智能管理系统的特点、功能和实施运行的关键，尽早建立能源智能管理系统。

二、突破实施推广瓶颈

能源大数据的产生彰显的是一个新产业变革的前夜，通过对海量能源数据的挖掘、整理、分析及利用，从而实现数据的价值。但目前能源与大数据的融合尚处于初级阶段，在认识、技术、制度等方面都有待优化与改变。

（一）人才缺口问题有待解决

从技术角度，需要能够掌握能源大数据技术并解读能源大数据分析结论的人才；从行业角度，需要非常了解能源行业各个生产环节的关系、各要素之间的可能关联，并且将大数据得到的结论和行业的具体执行环节一一对应起来的人才；从管理的角度，需要制定出确保和管理流程没有冲突，且可执行的问题解决方案的人才。这说明除了传统大数据所需要的数学、统计学、数据分析、商业分析和自然语言处理等的数据科学家，还需要具备能源领域相关的专业知识的业务人员。而随着能源大数据的快速增长，对于此类复合型人才的需求也将持续扩大，此外，在专业人员的培训方面也存在一定的障碍。

（二）能源大数据质量有待提高

随着能源行业信息化建设和水平的提高以及能源消费者各类用能终端的普及，能源数据量呈现出快速增长趋势。能源大数据最具有潜力的发展方向是通过整合不同行业的数据，绘制全方位立体的数据蓝图，站在系统的角度挖掘用户内在需求并进行重塑，但从目前能源大数据应用的场景来看，其主要为企业内部数据，缺乏合理有效的共享开发机制，导致能源“信息孤岛”的现象严重。然而，能源大数据实际上是不同行业数据整合的结果，如不进行能源大数据生态圈合作，就很难实现这一交叉行业数据共享，对于能源行业整体产业链宏观把握、能源生产与能源消费协调发展都将产生不利的影响。此外，海量的、高质量的能源数据资产是能源大数据产业发展的重要前提，在能源数据开放程度严重滞后的情况下，能源数据的标准化、准确性、完整性相对较低，对于决策参考的准确性不高，也会影响能源数据的利用价值。

（三）进一步提高数据收集和提取的合法性、安全性

从能源消费者的角度来说，任何企业或机构提取能源消费者私人数据，消费者都应有知情权，尤其是将消费者的隐私数据用于商业行为时，都需要得到消费者的许可。如何制定商业用途数据使用的规则、如何惩治侵犯用户的隐私权的数据使用行为、如何制定相应的法律规范等一系列管理问题的解决速度都大大滞后于大数据的发展速度。从能源生产的角度来看，石油、电力等能源生产相关数据涉及国家能源战略、国家能源安全，对于此类数据，其所要求的安全级别将更高，如何合理、合法、合规地进行商用，仍然有待探索。

（四）能源大数据应用技术水平亟待提升

我国能源大数据发展尚处于初级阶段，如何将大数据的数据分析、挖掘等技术与能源系统进行整合，并在此基础上构建与能源生产和消费相适应的算法显得尤为重要，但目前此方面的技术水平不高。加之信息通信技术与应用在能源企业中并非处于核心地位，故而能源大数据的技术发展较慢。

参考文献

[1] 史立伟, 尹红彬, 雷雨龙 . 汽车电机及驱动技术 [M]. 北京: 机械工业出版社, 2021.

[2] 岳光溪,顾大钊 . 煤炭清洁技术发展战略研究 [M]. 北京: 机械工业出版社,2020.

[3] 谈竹奎 . 电力实时需求响应 [M]. 北京: 中国电力出版社,2021.

[4] 郭经红 . 电力传感技术产业发展报告 2020[M]. 北京: 中国水利水电出版社, 2021.

[5] 孟进, 张磊, 赵治华 . 新型舰船系统电磁干扰分析、测量与防护(修订版)[M]. 北京: 电子工业出版社,2021.

[6] 郭春义,赵成勇,杨硕 . 增强型直流输电系统 [M]. 北京: 科学出版社,2021.

[7] 白宏坤,刘湘莅 . 大数据技术及能源大数据应用实践 [M]. 北京:中国电力出版社, 2021.

[8] 张宁, 杜尔顺, 李晖 . 强不确定环境下的电力系统优化规划 [M]. 北京: 中国电力出版社,2021.

[9] 张亚刚, 张坡, 刘伟 . 能源统计分析与 MATLAB 实践 [M]. 北京: 科学出版社, 2021.

[10] 马燕鹏, 王建红 . 大数据和哲学社会科学交叉研究方法与实践 [M]. 北京: 中国社会科学出版社,2021.

[11] 刘辉, 杜维柱, 吴林林 . 大规模风电接入弱电网运行控制技术 [M]. 北京: 中国电力出版社,2021.

[12] 葛维春, 蒋建民, 蒲天骄 . 现代电力系统功率自动控制 [M]. 北京: 中国水利水电出版社,2020.

[13] 杜延菱 . 新型继电保护标准化实训 [M]. 北京: 中国电力出版社,2021.

[14] 万杰, 刘金福, 董恩伏 . 汽轮机阀门管理综合优化理论与方法 [M]. 北京: 科学出版社,2020.

[15] 邱欣杰 . 智能电网与电力大数据研究 [M]. 合肥: 中国科学技术大学出版社, 2020.

[16] 袁国宝 . 新基建 数字经济重构经济增长新格局 [M]. 北京: 中国经济出版社, 2020.

[17] 成贝贝，汪鹏，赵黛青．区域碳总量行业分配及减排政策模拟研究：以广东省为例 [M]. 北京：中国环境出版集团，2020.

[18] 李清娟，岳中刚，余典范．人工智能与产业变革 [M]. 上海：上海财经大学出版社，2020.

[19] 沈湉．分布式光伏发电投资指南 [M]. 上海：立信会计出版社，2020.

[20] 覃剑．电力互感器在线监测与评估技术 [M]. 北京：中国电力出版社，2021.

[21] 王守相．智能配电网态势感知与利导 [M]. 北京：中国电力出版社，2021.

[22] 江友华．分布式电网电能质量分析与治理 [M]. 北京：中国电力出版社，2020.

[23] 唐西胜，齐智平，孔力．电力储能技术及应用 [M]. 北京：机械工业出版社，2020.

[24] 陈娟，鲁斌，齐玮．区域能源互联网规划、商业模式与政策保障机制 [M]. 北京邮电大学出版社，2019.

[25] 马永仁．区块链技术原理及应用 [M]. 北京：中国铁道出版社有限公司，2018.

[26] 贲德．大国重器：图说当代中国重大科技成果 [M]. 南京：江苏凤凰美术出版社，2018.

[27] 任庚坡，楼振飞．能源大数据技术与应用 [M]. 上海：上海科学技术出版社，2018.

[28] 徐继业，朱洁华，王海彬．气象大数据 [M]. 上海：上海科学技术出版社，2018.

[29] 李立涅，郭剑波，饶宏．智能电网与能源网融合技术 [M]. 北京：机械工业出版社，2018.

[30] 解大，郜俊，王瑟澜．城市固废综合利用基地与能源互联网 [M]. 上海：上海交通大学出版社，2017.